KB178708

베르누이가 들려주는 확률분포 이야기

수학자가 들려주는 수학 이야기 47

베르누이가 들려주는 확률분포 이야기

초판 1쇄 발행일 | 2008년 12월 12일
초판 22쇄 발행일 | 2022년 12월 1일

지은이 | 김승태
펴낸이 | 정은영

펴낸곳 | (주)자음과모음
출판등록 | 2001년 11월 28일 제2001-000259호
주소 | 10881 경기도 파주시 회동길 325-20
전화 | 편집부 (02)324-2347, 경영지원부 (02)325-6047
팩스 | 편집부 (02)324-2348, 경영지원부 (02)2648-1311
e-mail | jamoteen@jamobook.com

ISBN 978-89-544-1590-3 (04410)

수학자가 들려주는 수학 이야기 47

베르누이가 들려주는

확률분포 이야기

| 김 승 태 지음 |

(주)자음과모음

추천사

수학자라는 거인의 어깨 위에서
보다 멀리, 보다 넓게 바라보는 수학의 세계!

수학 교과서는 대개 '결과'로서의 수학을 연역적으로 제시하는 경향이 강하기 때문에 학생들은 수학이 끊임없이 진화해 왔다는 생각을 하기 어렵습니다. 그렇지만 수학의 역사는 하나의 문제가 등장하고 그에 대해 많은 수학자들이 고심하고 이를 해결하는 가운데 새로운 아이디어가 출현해 온 역동적인 과정입니다.

〈수학자가 들려주는 수학 이야기〉는 수학 주제들의 발생 과정을 수학자들의 목소리를 통해 친근하게 이야기 형식으로 들려주기 때문에 학생들이 수학을 '과거완료형'이 아닌 '현재진행형'으로 인식하는 데 도움이 될 것입니다.

학생들이 수학을 어려워하는 요인 중의 하나는 '추상성'이 강한 수학적 사고의 특성과 '구체성'을 선호하는 학생의 사고의 특성 사이의 괴리입니다. 이런 괴리를 줄이기 위해서 수학의 추상성을 희석시키고 수학 개념과 원리의 설명에 구체성을 부여하는 것이 필요한데, 〈수학자가 들려주는 수학 이야기〉는 수학 교과서의 내용을 생동감 있게 재구성함으로써 추상적인 수학을 구체성을 갖는 수학으로 변모시키고 있습니다. 또한 중간중간에 곁들여진 수학자들의 에피소드는 자칫 무료해지기 쉬운 수학 공부에 있어 윤활유 역할을 할 수 있을 것입니다.

〈수학자가 들려주는 수학 이야기〉의 구성을 보면 우선 수학자의 업적을 개략적으로 소개하고, 6~9개의 강의를 통해 수학 내적 세계와 외적 세계, 교실 안과 밖을 넘나들며 수학 개념과 원리들을 소개한 후 마지막으로 강의에서 다룬 내용들을 정리합니다. 이런 책의 흐름을 따라 읽다 보면 각 시리즈가 다루고 있는 주제에 대한 전체적이고 통합적인 이해가 가능하도록 구성되어 있습니다.

〈수학자가 들려주는 수학 이야기〉는 학교 수학 교과 과정과 긴밀하게 맞물려 있으며, 전체 시리즈를 통해 학교 수학의 많은 내용들을 다룹니다. 예를 들어 《라이프니츠가 들려주는 기수법 이야기》는 수가 만들어진 배경, 원시적인 기수법에서 위치적 기수법으로의 발전 과정, 0의 출현, 라이프니츠의 이진법에 이르기까지를 다루고 있는데, 이는 중학교 1학년의 기수법의 내용을 충실히 반영합니다. 따라서 〈수학자가 들려주는 수학 이야기〉를 학교 수학 공부와 병행하면서 읽는다면 교과서 내용의 소화 흡수를 도울 수 있는 효소 역할을 할 수 있을 것입니다.

뉴턴이 'On the shoulders of giants' 라는 표현을 썼던 것처럼, 수학자라는 거인의 어깨 위에서는 보다 멀리, 넓게 바라볼 수 있습니다. 학생들이 〈수학자가 들려주는 수학 이야기〉를 읽으면서 각 수학자들의 어깨 위에서 보다 수월하게 수학의 세계를 내다보는 기회를 갖기 바랍니다.

홍익대학교 수학교육과 교수 | 《수학 콘서트》 저자 박 경 미

세상의 진리를 수학으로 꿰뚫어 보는 맛
그 맛을 경험시켜 주는 '확률분포' 이야기

수학자들은 이 세상에 엄청난 공헌을 한 사람들입니다. 그들은 수학을 통해 인류에 많은 혜택을 주었지요. 하지만 이런 이야기는 학생들에게 절대 하지 마세요. 학생들은 이런 말 하는 사람과는 상종을 안 하려고 할 것입니다.

왜냐하면 학생들은 수학을 아주 싫어하거든요. 그래서 인류에 공헌을 한 수학자는 우리 학생들에게는 언제나 죄인(?)인 셈입니다. 제가 일선에서 수학을 가르치며 아이들에게 자주 듣는 질문은 이렇게 힘든 수학을 만든 사람이 도대체 누구냐는 것입니다. 그럼 저는 물론 "나는 아니다"라고 먼저 발뺌을 하고 말합니다. 수학을 만든 것은 한두 사람이 아니라고.

수학자는 무수히 많습니다. 사실 그들은 그 시대에 필요한 것을 위해 수학을 만들었습니다. 하지만 그 많은 수학자들이 만든 수학을 후손인 우리 학생들이 배우기는 여간 힘든 일이 아닙니다. 안 그렇겠습니까? 만약 누가 자기 조상의 족보를 다 외우라고 하면 분명 힘들 것입니다. 외운 것으로 시험까지 친다면 정말 괴로울 것입니다.

그래서 저는 죄인으로 여겨지고 있는 수학자들의 명예 회복을 위해 그들에게 직접 나설 수 있는 기회를 주기로 했습니다. 수학자들이 학생들에게 자신이 개발하거나 연구한 수학을 친절히 설명할 수 있도록 말입니다.

아무쪼록 이 책을 재미나게 보고 또 한편으로 학교 수학과 가까워지는 계기가 되기를 진심으로 기원합니다. 이 책을 통해 수학자와 화해를 하는 학생들이 많이 나왔으면 하는 바람입니다.

2008년 12월 김 승 태

차례

1 이 책은 달라요

베르누이가家는 뛰어난 수학자 세 명이 계속해서 나온 스위스의 한 가문입니다. 뛰어난 수학자 세 명이란, 야곱과 요한 형제, 그리고 요한의 아들인 다니엘을 말하며, 이들은 모두 스위스의 바젤에서 태어났습니다. 《베르누이가 들려주는 확률분포 이야기》의 주인공인 베르누이는 그들 중 야곱 베르누이로 바젤대학교에서 확률론, 해석 기하학, 변분법을 발전시킨 수학자입니다.

바로 그 베르누이가 우리들에게 확률분포에 대한 이야기를 재미나게 들려줄 것입니다. 확률분포는 고등학교 2학년 때 배우게 됩니다만, 이 단원 자체는 학생들이 다가가기에 만만치 않습니다. 이 책에서 베르누이는 입시 지옥에 시달리는 우리 학생들을 위해 아주 쉬운 말로 확률분포를 이야기합니다.

곳곳에 등장하는 만만치 않은 기호를 좀 더 재미난 예를 통해 설명해 나갑니다. 어려운 이 단원의 특성을 감안하여 학교 시험에 잘 나오며 수능에서도 적용시킬 수 있는 범위를 벗어나지 않으려고 하였습니다. 이 책을 통해 학생들은 확률 공부에 새로운 눈을 뜨게 될 것입니다.

2 이런 점이 좋아요

1 고등학교 내용을 충실하게 담아냈습니다. 대화체를 사용하고 자칫 힘들어할 수 있는 부분은 흥미로운 이야기를 예로 들어 잘 읽혀지도록 하였습니다.

2 베르누이라는 수학자가 등장하여 확률분포를 재미나게 설명해 나갑니다. 수학자가 학교 수학을 마치 가정교사처럼 들려주는 이야기 형식입니다.

3 고등학생이 아니더라도 문장을 잘 이해할 수 있도록 쉬운 문체와 문장을 골라서 집필하였습니다.

교과 과정과의 연계

구분	단계	단원	연계되는 수학적 개념과 내용
고등학교	수학 I	확률과 함수	확률변수와 확률의 관계
		확률분포표	표의 뜻과 만드는 방법
		기댓값	기댓값과 계산 방법
		분산과 표준편차	확률분포 구하는 공식
		이항분포	독립시행, 평균, 표준편차 공식

수업 소개

첫 번째 수업_확률과 함수

확률과 함수는 어떤 연관이 있는지 살펴봅니다. 변수는 어떻게 잡아 나가는지 알아봅니다.

- 선수 학습
  - 확률변수 : 어떤 시행에서 표본공간의 각 근원사건에 단 하나의 수를 대응시키는 관계를 확률변수라고 합니다.

– 변량 : 변하는 값을 취할 수 있는 양

– 통계학 : 사회 현상을 통계에 의하여 관찰 · 연구하는 학문으로 수학의 한 분야입니다. 수리 통계학과 추측 통계학으로 나눕니다.

– 함수 : 두 개의 변수 x, y 사이에서, x가 일정한 범위 내에서 값이 변하는 데 따라서 y의 값이 종속적으로 정해질 때, x에 대하여 y를 이르는 말. y가 x의 함수라는 것은 $y=f(x)$로 표시합니다.

• 공부 방법

– '표본공간의 각 근원사건에 단 하나의 수를 대응시키는 관계' 라는 말 속에서 특히, '대응', '관계' 라는 말과 '함수' 를 연관해서 생각할 수 있어야 합니다.

– 확률변수는 표본공간을 정의역으로 하고, 실수 전체의 집합을 공역으로 하는 함수라고 볼 수 있습니다. 확률변수는 함수이나 마치 변수와 같은 역할을 하므로 확률변수라고 부릅니다.

– 어떤 시행에서 표본공간의 각 원소에 하나의 실수를 대응시키고 그 값을 갖는 확률이 각각 정해지는 변수 X를 확률변수라고 합니다. 이때, 확률변수 X가 유한개의 값 x_1, x_2, $\cdots$, x_n을 취하면 X를 이산확률변수라고 합니다.

– 어떤 변수 X가 취할 수 있는 값이 x_1, x_2, x_3, $\cdots$, x_n이고, 변수 X가 이들 값을 취할 확률이 각각 p_1, p_2, p_3, $\cdots$, p_n으로 정해져 있을 때, 이 변수 X를 확률변수 또는 이산확률변수라고 합니다.

• 관련 교과 단원 및 내용

– 고등학교 수학 I에서 다루는 '확률변수'에 대해 자세히 배웁니다. 더불어 함수와의 관계도 알아봅니다.

두 번째 수업 _ 확률분포표

확률분포에 대해 알아보고 확률분포표를 살펴봅니다. 이산확률변수에 대하여 자세히 알아봅니다.

• 선수 학습

– 확률분포 : 확률변수의 분포 상태. 어떤 시행에서 일어날 수 있는 사건마다 그 확률값을 대응하게 한 것입니다.

– 도수분포 : 측정값을 몇 개의 계급으로 나누고 각 계급에 속하는 수치의 출현 도수를 조사하여 나타낸 통계 자료의 분포 상태

– 시그마Σ : 그리스 문자의 열여덟 번째 자모. 총합을 나타내는 기호입니다.

• 공부 방법

– 확률변수 X가 취할 수 있는 값 x_i와 X가 x_i를 취할 확률 p_i의 대응 관계를 확률변수 X의 확률분포라고 합니다.

– 일반적으로 한 시행에서 이산확률변수 X가 취할 수 있는 값 x_1, x_2, x_3, $\cdots$, x_n과 X가 이들 값을 취할 확률 p_1, p_2, p_3, $\cdots$, p_n의 대응 관계를 이산확률변수 X의 확률분포라고 합니다.

- 확률의 합계는 항상 1입니다.

  $p_1+p_2+p_3+\cdots+p_n=1\ \ (p_i \geq 0, i=1, 2, \cdots, n)$

- 도수분포에서 도수 f_k를 총 도수 N으로 나눈 값을 상대도수라고 합니다. 상대도수 $\frac{f_k}{\mathrm{N}}$는 변량 X가 취할 확률 $\mathrm{P}(\mathrm{X}=x_k)$와 같습니다.

- 이산확률변수 X의 확률이 $\mathrm{P}(\mathrm{X}=x_i)=p_i\ (i=1, 2, 3, \cdots, n)$일 때

  ① $0 \leq p_i \leq 1$

  사건이 일어날 가능성이 없을 때는 0이고 항상 일어나는 경우는 1입니다.

  ② $p_1+p_2+\cdots+p_n=1$

  모든 확률들을 다 더하면 전체가 되므로 확률의 합은 1입니다.

  ③ $\mathrm{P}(a \leq \mathrm{X} \leq b)=\sum_{x=a}^{b} \mathrm{P}(\mathrm{X}=x)$ (단, a, b는 n 이하의 자연수)

• 관련 교과 단원 및 내용

- 고등학교 수학 I에서 다루는 '이산확률변수'를 배웁니다.

세 번째 수업_기댓값

평균과 기댓값의 관계를 알아봅니다. 또한, 상대도수에 대해서도 알아봅니다.

• 선수 학습

- 평균 : 여러 수나 같은 종류의 양의 중간값을 갖는 수. 산술평균,

기하평균, 조화평균 따위가 있는데 일반적으로 산술평균을 말합니다.

– 기댓값 : 어떤 사건이 일어날 때 얻어지는 양과 그 사건이 일어날 확률을 곱하여 얻어지는 가능성의 값

• 공부 방법

– 상대도수 $\frac{f_i}{N}$는 X가 x_i를 취할 확률과 같습니다.

$P(X=x_i)=\frac{f_i}{N}$

– $(상대도수)=\frac{(각\ 계급의\ 도수)}{(도수의\ 총합)}$

– $E(X)=x_1p_1+x_2p_2+\cdots+x_ip_i+\cdots+x_np_n=\sum_{i=1}^{n}x_ip_i$

– E(X)의 E는 Expectation기댓값의 첫 글자이고, m은 mean평균의 첫 글자입니다.

• 관련 교과 단원 및 내용

– 고등학교 2학년 때 배우는 '기댓값' 을 계산합니다.

네 번째 수업_확률과 통계에 대한 이야기

확률과 통계에 대한 이야기를 통해 학습의욕을 높입니다.

• 선수 학습

– 이자율 : 원금에 대한 이자의 비율

– 방정식 : 어떤 문자가 특정한 값을 취할 때에만 성립하는 등식

– 통계학 : 사회 현상을 통계에 의하여 관찰 · 연구하는 학문. 수학

의 한 분야입니다. 수리 통계학과 추측 통계학으로 나눕니다.

– 표본 자료 : 추출에 의하여 얻은 자료에 관한, 어느 매개 변수의 추정 값. 통계 집단의 표본을 나타내는 숫자로 평균값, 분산 따위가 있습니다.

– DNA : 유전자의 본체. 디옥시리보오스를 함유하는 핵산으로 바이러스의 일부 및 모든 생체 세포 속에 있으며, 진핵 생물에서는 주로 핵 속에 있습니다. 아데닌, 구아닌, 시토신, 티민의 4종 염기를 함유하며, 그 배열 순서에 유전 정보를 포함합니다.

• 공부 방법

– 현대인들은 언제부터인가 통계에 대한 믿음을 가지게 되었습니다. 21세기에는 인구 변동은 물론 도덕, 범죄처럼 무질서해 보이는 사회 현상과 자연 현상에도 규칙성을 부여하려는 통계학의 시도가 등장하기 시작했습니다.

– 케틀레라는 사람은 "통계 연구에서 도표로 표현하면 대단히 쉬워진다. 단순한 선 하나로도 일련의 숫자들을 한눈에 이해하게 만들 수 있다. 그냥 읽자면 제 아무리 치밀한 사람이라도 제대로 파악하고 비교하기 어려울 텐데 말이다. 도표는 마음의 짐을 덜어준다"라고 말했습니다.

• 관련 교과 단원 및 내용

– '수학사' 에 대해 공부합니다.

다섯 번째 수업_확률변수의 분산과 표준편차는 어떻게 구하는가?

확률변수에 대한 분산과 표준편차를 구해 봅니다. 그와 함께 평균과 분산, 표준편차의 성질을 알아봅니다.

• 선수 학습

– 분산 : 통곗값과 평균의 차이인 편차를 제곱하여 얻은 값들의 산술평균. 분산이 작으면 자료는 평균 주위에 모여 있게 되고, 분산이 크면 평균에서 멀리 떨어진 것이 많게 됩니다.

– 표준편차 : 자료의 분산 정도를 나타내는 수치. 분산의 양의 제곱근으로, 표준편차가 작은 것은 평균 주위의 분산의 정도가 작은 것을 나타냅니다.

• 공부 방법

– 확률변수 X의 평균 $\mathrm{E(X)}=m$이라고 할 때, $(\mathrm{X}-m)^2$의 평균, 즉 $\mathrm{E}((\mathrm{X}-m)^2)=\sum_{i=1}^{n}(x_i-m)^2p_i$

$$=(x_1-m)^2p_1+(x_2-m)^2p_2+\cdots+(x_n-m)^2p_n$$

을 확률변수 X의 분산 $\mathrm{V(X)}$라고 합니다. 또, 분산 $\mathrm{V(X)}$의 양의 제곱근 $\sqrt{\mathrm{V(X)}}$를 확률변수 X의 표준편차라 하고 기호 $\sigma(\mathrm{X})$ 또는 σ로 나타냅니다.

– $\mathrm{V(X)}=\mathrm{E}((\mathrm{X}-m)^2)=\mathrm{E}(\mathrm{X}^2)-\{\mathrm{E(X)}\}^2$

– $\mathrm{E(X)}=m=\sum_{i=1}^{n}x_ip_i$

$\mathrm{V(X)}=\mathrm{E}((\mathrm{X}-m)^2)=\sum_{i=1}^{n}(x_i-m)^2p_i$

- $V(aX+b)=\sum_{i=1}^{n}\{(ax_i+b)-(am+b)\}^2p_i$

$$=\sum_{i=1}^{n}\{a(x_i-m)\}^2p_i$$

$$=a^2\sum_{i=1}^{n}(x_i-m)^2p_i$$

$$=a^2V(X)$$

• 관련 교과 단원 및 내용

- 고등학교 2학년 때 배우는 '확률변수의 평균과 분산'을 다룹니다.

여섯 번째 수업_이항분포와 독립시행

독립시행, 조합, 이항정리, 이항분포에 대해 알아봅니다.

• 선수 학습

- 독립시행 : 주사위를 거듭 던질 때처럼 각 시행 사이에 아무런 종속 관계가 없으며 각 사건이 일어나는 확률이 어떤 시행에 있어서나 같은 경우, 그 각각의 시행을 이르는 말
- 이항분포 : 어떤 시행에서 사건이 일어날 확률을 p, 일어나지 않을 확률을 q라고 할 때, 확률변수에 대응하는 각각의 확률이 $(p+q)^n$ 전개식의 각 항으로 되어 있는 확률분포. 통계학에서 모집단이 가지는 이상적인 분포형의 하나입니다.
- 조합콤비네이션 : 제시된 대상에서 순서를 생각하지 않고 그 일부를 뽑는 방법
- 이항정리 : 이항식의 거듭제곱을 전개하는 법을 보이는 공식

• 공부 방법

– 어떤 시행을 계속할 때, 각 시행의 결과가 이전 시행의 결과로부터 아무런 영향을 받지 않는 시행을 독립시행이라고 합니다.

– 조합이란 순서에 관계없이 뽑는 것을 말합니다. 일반적으로, 서로 다른 n개에서 r개를 뽑는 것을 n개에서 r개를 택한 조합이라고 하고, 이때 이 조합의 수는 다음과 같은 기호로 나타냅니다.

$${}_{n}\mathrm{C}_{r}$$

– 일반적으로 1회의 시행에서 사건 A가 일어날 확률을 p, 일어나지 않을 확률을 $q(=1-p)$라고 할 때, n회의 독립시행에서 그 사건 A가 일어날 횟수를 X라고 하면 X는 0, 1, 2, ⋯, n 중 하나의 값을 취하는 확률변수입니다.

– 확률분포표에서 나타나는 각 확률들은 이항정리에 의하여 $(p+q)^n$을 전개한 식과 같습니다.

$$(p+q)^n={}_{n}\mathrm{C}_{0}p^0q^n+{}_{n}\mathrm{C}_{1}p^1q^{n-1}+\cdots+{}_{n}\mathrm{C}_{k}p^kq^{n-k}+\cdots+{}_{n}\mathrm{C}_{n}p^nq^0$$

• 관련 교과 단원 및 내용

– 고등학교 2학년 때 다루는 '독립시행과 이항분포'를 배웁니다.

일곱 번째 수업_이항분포의 평균과 표준편차

이항분포에서 평균, 표준편차, 분산을 구해 봅니다.

• 선수 학습

– 완전제곱식 : 어떤 정식의 제곱으로 표현되는 식

– 인수분해 : 정수 또는 정식을 몇 개의 간단한 인수의 곱의 꼴로 바꾸어 나타내는 일

• 공부 방법

– 확률변수 X가 이항분포 $B(n, p)$를 따를 때

평균 $E(X)=np$

분산 $V(X)=npq$

표준편차 $\sigma(X)=\sqrt{npq}$ (단, $q=1-p$)

독립시행의 확률이므로 확률변수 X는 $B(n, p)$를 따릅니다.

– $E(X)=\sum_{k=1}^{n} n\,{}_{n-1}\mathrm{C}_{k-1}p^{k}q^{n-k}=np\sum_{k=1}^{n}{}_{n-1}\mathrm{C}_{k-1}p^{k-1}q^{(n-1)-(k-1)}$

$=np(p+q)^{n-1}=np$

• 관련 교과 단원 및 내용

– 고등학교 2학년 때 다루는 '이항분포의 평균과 분산'을 배웁니다.

여덟 번째 수업 _ 이항분포의 그래프와 성질

이항분포가 그리는 그래프의 모습을 살펴봅니다.

• 선수 학습

– 수학적 확률 : 여러 단순 사건이 일어날 것이 모두 확실시되는 경우에 어떤 사건이 일어나는 경우의 수를 모든 경우의 수로 나눈 값

– 통계적 확률 : 시행 횟수를 충분히 했을 때에, 어떤 사항이 일어나

는 상대도수가 집적하는 경향을 보이는 일정한 값

– 큰수의 법칙 : 어떤 일을 몇 번이고 되풀이할 경우, 일정한 사건이 일어날 비율은 횟수를 거듭하면 할수록 일정한 값에 가까워진다는 경험 법칙, 또는 그 이론. 주사위를 몇 번이고 계속 굴릴 경우 6이 나오는 비율은 $\frac{1}{6}$에 가까워진다고 하는 것을 말합니다.

• 공부 방법

– 확률변수 X가 이항분포 $B(n, p)$를 따를 때

평균 $E(X)=np$

분산 $V(X)=npq$

표준편차 $\sigma(X)=\sqrt{npq}$ (단, $q=1-p$)

• 관련 교과 단원 및 내용

– 고등학교 2학년 때 다루는 '이항분포를 따르는 경우'를 배웁니다.

100

베르누이를 소개합니다

Jakob Bernoulli (1654~1705)

우리 가문은 수학, 과학계에서 유명합니다.

뛰어난 수학자, 과학자를 많이 배출하였지요.

그래서 가문의 이름이 들어간 이론들도 몇 가지 있습니다.

나와 내 동생은 최단강하곡선 문제를 연구했습니다.

우리는 많은 연구를 통해

미적분학의 놀라운 위력도 깨닫게 되었죠.

나는 적분이라는 용어를 처음 사용했지요.

수학적 확률을 최초로 공부한 사람들 중에 나도 포함된답니다.

여러분, 나는 베르누이입니다

스위스는 산이 많이 분포되어 있는 나라입니다. 나는 이 나라에서 태어난 수학자이지요. 내 이름은 야곱 베르누이입니다.

우리 스위스는 큰 나라는 아닙니다. 하지만 17세기 후반부터 유능한 수학자와 과학자를 많이 배출한 우리 가문으로 유명합니다. 케네디가와 록펠러가는 정치와 사업의 명문가인 것처럼 말입니다.

스위스의 베르누이 가문이라고 하면 수학에서 수를 좀 다룬다고 하는 사람들은 모두 알지요. 수학계에서 우리 베르누이 가문은 요한 세바스찬 바흐를 비롯하여 150년 동안 음악계를 주름잡았던 바흐 가문과 대등하지요.

그리고 내 자랑 같지만 베르누이 가문에서 가장 유명한 수학자를 꼽으라면 나 야곱 베르누이와 내 동생 요한 베르누이입니다. 우리는 최단강하곡선 문제를 연구했습니다. 최단강하곡선 문제란, '두 점이 주어지고 그 중 한 점에서 공을 굴릴 때 마찰력을 무시한다면 어떤 곡선을 따라 움직인 공이 다른 점에 가장 먼저 도착하느냐' 하는 문제이지요. 그때는 정말 신나게 연구했습니다.

그리고 우리 형제는 미적분학의 놀라운 위력을 깨달았습니다. 참, 여러분은 미적분학이 무엇인지 모르지요?

미적분학은 고등학생이 되면 처음 배우게 됩니다. 이 학문은 미분과 적분을 다루는 수학의 주요한 분야 중 하나입니다. 변화하는 양을 다루는 미적분학은 정말 신기합니다. 매력적이지 않습니까? 변화하는 양을 다룬다는 것이.

비행기가 날아가면서 생기는 이동 거리에 대한 문제를 해결해 나가는 데 꼭 필요한 것이 미적분학입니다. 미적분학의 매력에 빠지다 보니 내 이야기를 할 시간이 없군요. 다시 나에 대한 이야기로 돌아오겠습니다. 미적분학아, 그만 안녕.

나는 미적분학 말고도 수학적 확률을 최초로 공부한 수학자

중 한 사람입니다. 현재 내 이름을 달고 나와 있는 수학적 내용들이 여러 개 있습니다. 내 이름을 달고 있는 것을 보면 때로는 쑥스럽기도 합니다.

통계학과 확률론에 '베르누이 분포' 라는 것이 있지요. 부끄럽지만 이 용어에 밑줄을 쳐 주세요. 스승을 사랑해야 수학 실력이 늡니다. 참, 이제부터 내가 여러분의 수학 선생님인 것 아나요? 나는 여러분들과 확률분포에 대해 공부하기로 되어 있습니다. 몰랐다면 이 책 앞표지의 제목을 읽어 보세요. 우리는 함께 확률분포를 배워 나갈 것입니다.

자랑 하나 더! 나는 적분이라는 단어를 최초로 사용하였습니다. 내가 적분이라는 단어를 처음 만들어 내자, 공부하기 싫어하는 학생들은 적분이라는 단어에 적개심을 갖더라고요. 그것을 본 내 마음도 적적합니다.

내 동생도 나만큼 수학에 풍부한 기여를 했습니다. 동생은 미적분학을 많이 보충하였고 유럽 대륙에서 이 새로운 분야의 유용성을 인정받는 데 큰 공헌을 했습니다. 형으로서 동생 자랑을 안 할 수 없습니다.

내 동생은 로피탈 후작의 재정적 도움으로 1696년 최초의 미적분학 교재를 만들었습니다. 고등학교 이과생들에게 잘 알려진 $\frac{0}{0}$꼴의 부정형의 계산법이 후에 미적분학 책에서 로피탈의 정리로 잘못 알려지게 된 것은 바로 이러한 과정에서 기인한 것입니다.

여러분들은 무슨 말인지 잘 모르겠지요. 어려운 이야기는 여기서 그만하고 우리 수업을 도와줄, 봉사 정신으로 똘똘 뭉친 사람을 소개하겠습니다. 기차역이나 고속버스 터미널 같은 장소에서 '학생, 정말 건강해 보이네요' 하면서 헌혈을 부탁하던 그분을 모시고 수업을 해 나가겠습니다. 바로 윤씨 아줌마입니다.

여러분, 인사하세요. 왜 뜬금없이 헌혈 봉사 아줌마가 나왔냐고요? 아하, 그건 말이죠. 우리 수업에서 확률변수로 p가 자주 등장하는데 언제나 p피를 간절히 원하는 아줌마의 소원을 들어주기 위해 우리 수업에 등장시키는 것입니다. 아주머니, 인사하세요.

"학생 여러분, 안녕! 여러분 정말 건강하게 보이네요. 우리나라는 피 부족 국가입니다. 헌혈을 좀 부탁드립니다. 아, 죄송해요. 항상 하던 소리라 입에 붙어 있네요. 호호. 베르누이 선생님을 도울 확률분포 설명 도우미, 윤피조입니다. 그냥 윤씨 누나라고 하세요."

보기에 50세가 훌쩍 넘으신 것 같아, 우리는 윤씨 아줌마라고 부르기로 합니다.

다음 장으로 ☞

날 너무 미워하지 말아요.
미적분학은 우리 생활에 아주 필요한 학문이랍니다.
나는 수학적 확률을 최초로 공부한 수학자 중의 한 사람이기도 해요.
'베르누이 분포'. 내 이름을 딴 통계 이론까지 있을 정도죠.
베르누이 분포
형! 나도 자랑 좀 하자.
그래!
나는 로피탈 후작의 재정적 도움으로 1696년 최초의 미적분학 교재를 만들었습니다.
척!
미적분학 교재
1696.
미적분학 책에 나오는 '로피탈의 정리'는 실은 내가 만든 거예요.
로피탈의 정리

확률과 함수

확률변수를 비롯한 확률의 기본적인 용어에 대해 살펴 봅니다. 확률변수를 함수와 연관하여 생각할 수 있음을 이해합니다.

첫 번째 학습 목표

1. 확률과 함수는 어떤 연관이 있는지 살펴봅니다.
2. 변수는 어떻게 잡아 나가는지 알아봅니다.

미리 알면 좋아요

1. **확률변수** 어떤 시행에서 표본공간의 각 근원사건에 단 하나의 수를 대응시키는 관계를 확률변수라고 합니다.

2. **변량** 변하는 값을 취할 수 있는 양

3. **통계학** 사회 현상을 통계에 의하여 관찰·연구하는 학문으로 수학의 한 분야입니다. 수리 통계학과 추측 통계학으로 나눕니다.

4. **함수** 두 개의 변수 x, y 사이에서, x가 일정한 범위 내에서 값이 변하는 데 따라서 y의 값이 종속적으로 정해질 때, x에 대하여 y를 이르는 말. y가 x의 함수라는 것은 $y=f(x)$로 표시합니다.

우리가 우선 알아야 하는 것이 확률변수라는 말뜻입니다. 변수라는 말부터 잘라 내서 알아보면……. 이때 윤씨 아줌마가 나섭니다.

"아, 그것은 이런 말이죠. '살다 보면 여러 가지 변수가 생깁니다' 할 때 그 변수 아닌가요?"

음, 그렇게도 볼 수 있겠네요. 우리가 중학교 1학년 때 배우는 변량과도 비슷한 의미를 갖습니다. 변량은 자료를 수량으로 나타낸 값으로 한자어를 그대로 풀이하면 '변하는 값을 취할 수 있는 양' 이란 뜻입니다. 아무튼 이런 말뜻을 엮어서 변수라는 말을 자기 것으로 만들어 기억해 두세요. 수학은 용어가 너무 어렵지요. 내가 대신 사과합니다.

자, 간략히 정리하여 변수라고 하면 변하는 수 정도로 기억해 둡시다. 간단하지 않으면 머릿속에도 잘 남지 않으니까요.

이제 확률에 대해 알아보려고 하였으나 확률은 이미 우리가 알고 있을 확률이 좀 높지요. 수학에서 다루는 확률변수의 뜻을 한번 적어 보겠습니다. 이해가 안 되는 말이 있더라도 외면하지 말고 마음을 비워 쭉 읽어 나가세요. 한두 단어 몰라도 전체적으로 읽어 나가는 영어 독해처럼 말입니다.

중요 포인트

확률변수

어떤 시행에서 표본공간의 각 근원사건에 단 하나의 수를 대응시키는 관계를 확률변수라고 합니다.

윤씨 아줌마가 학생들을 향해 다음과 같이 말하는군요.

"애들아, 우리 포기하지 말고 이 말에 끈질기게 달라붙어 알아보도록 하자."

그렇습니다. 콩나물 10원이라도 아껴 보려는 한국 아줌마의 저력을 보여 줍니다. 우리 한번 도전해 봅시다.

우선 문장 중 '시행' 이라는 말에 목이 탁 메었지요?

베르누이 시행은 확률론과 통계학에서 임의의 결과가 '성공' 또는 '실패'의 두 가지 중 하나인 실험을 뜻합니다. 다시 말해 '예' 또는 '아니요' 중 하나의 결과를 낳는 실험이지요. 예를 들어, 하나의 시행은 다음과 같은 질문에 답할 수 있는 실험을 말합니다.

Q. 동전의 앞면이 위를 향하고 있는가?

Q. 새로 태어난 아기가 여자인가?

그렇기 때문에 반드시 '성공'과 '실패'가 아니라 하여도, 가능한 결과가 두 가지이면 되는 것입니다. 그리고 이 두 가지의 결과는 같은 확률을 지니고 있지 않아도 된답니다. 예를 들면 다음과 같습니다.

동전 던지기의 경우를 살펴봅시다. 동전의 앞면은 '성공', 그리고 뒷면은 '실패'라고 정의할 수 있습니다. 공정한 동전이라면 각각의 결과는 0.5의 확률을 지니고 있을 겁니다.

주사위를 던지는 시행에서는 6이 나오면 '성공', 그 외의 결과는 모두 '실패'라고 정의하는 것이 가능할 것입니다. 공정한 주사위일 경우 성공은 $\frac{1}{6}$의 확률로, 실패는 $\frac{5}{6}$의 확률로 나오게 됩니다.

여기서 공정하다는 말은 동전의 경우 찌그러지지 않은 동전이고 주사위의 경우는 한쪽 면이 깨지거나 기울어져 있지 않다는

것입니다. 역이나 터미널에서 이상한 동전이나 주사위로 사람들을 속여 돈을 갈취하는 야바위꾼들을 윤씨 아줌마는 종종 봐왔다고 합니다. 그런 사람들이 사용하는 것은 공정하지 못합니다.

'표본 공간의 각 근원사건에 단 하나의 수를 대응시키는 관계'라는 말 속에서 뭔가 느낌이 오지 않나요? 느낌은 안 오고 짜증만 난다고요? 그래서는 안 됩니다. 여기서는 특히, '대응', '관계' 라는 말과 '함수' 를 연관하여 생각할 수 있어야 합니다.

윤씨 아줌마가 "함수라는 녀석도 우리처럼 강요하는 것을 직업으로 여기나 보네요" 라고 말합니다. 사실, 함수는 안 나서는 데가 없습니다. 왜냐면 수학은 다 어떤 것들의 관계 속에서 정립되기 때문이지요. 그래서 학생들이 이 함수를 좀 싫어하나 봅니다. 계속 잔소리하는 엄마와 같은 역할이 바로 함수이기 때문입니다. 하지만 엄마나 함수는 다 여러분 잘 되라고 하는 소리니까 앞으로 함수를 만나도 고까워하지 마세요.

확률변수는 표본공간을 정의역으로 하고, 실수 전체의 집합을 공역으로 하는 함수라고 볼 수 있습니다. 이것은 함수이나 마치 변수와 같은 역할을 하므로 확률변수라고 부릅니다. 좀 더 쉽게 말하면 변수를 확률로 나타낸 것이라고 말할 수도 있지요.

확률변수는 보통 알파벳 대문자 X, Y, Z, … 등으로 나타냅니다. 집합이나 도형의 점을 나타낼 때도 대문자를 쓰지요. 그리고 확률변수가 취하는 값은 소문자 x, y, z, … 등으로 나타냅니다. 그럼 그밖에 소문자를 사용하는 경우는 어떤 것이 있을까요? 집합에서는 원소, 도형에서는 선을 나타낼 때 소문자를 씁니다. 정리해 보면 확률변수는 대문자로, 확률변수의 값은 소문자로 나타낸다는 것입니다. 기호라도 익숙해져야 이 단원이 좀 더 친숙해질 수 있습니다.

윤씨 아줌마가 내 강의를 들으면서 꾸벅꾸벅 졸고 있습니다. 아줌마의 뇌에 혈액이 잘 안 도나 봅니다. "아줌마! 피, 피"라고 하니 아줌마가 놀라 두리번거립니다. 윤씨 아줌마의 봉사 정신은 대단합니다. 용어에 대한 설명으로 지친 여러분들의 뇌에 신선한 혈액을 공급하기 위해 예를 들어 설명하겠습니다.

동전을 두 번 던지겠습니다. 이러한 동작을 뭐라고 하지요? 그렇습니다. 시행이라고 합니다. 앞면을 H, 뒷면을 T라고 하겠습니다. H는 Head헤드, 머리의 첫 글자이고, T는 Tail테일, 꼬리의 첫 글자입니다. 이때 나올 수 있는 표본공간 S는 S={HH, HT, TH, TT}입니다. 즉, (앞, 앞), (앞, 뒤), (뒤, 앞), (뒤, 뒤)의 네 가지 경우로 표본공간이 생긴다는 말입니다.

이때, 앞면이 나오는 횟수를 X라고 하면 표본공간 S의 원소 HH, HT, TH, TT에 대응하는 X의 값은 차례로 2, 1, 1, 0입니다. 앞에서 이야기했듯이 이것은 앞면을 기준으로 만들어지는 경우입니다. 즉, X는 0, 1, 2 중 하나의 값을 갖는 변수입니다. 변수라는 용어가 언제 쓰였는지 잘 기억해 두세요.

X의 값이 0, 1, 2일 때의 확률을 P(X=0), P(X=1), P(X=2)로 나타냅니다. 이때, 윤씨 아줌마 온통 P피라면서 즐거워합니다. 하지만 아직 확률로 나타낸 것이 아닙니다. 윤씨 아줌마, 그 P에 손대지 마세요. 계산 끝난 것이 아니라고요. 계산이 끝나지 않은 상태에서 손대면 도둑질이나 마찬가지예요. 내 농담의 수준이 좀 높나요? 하하하.

X의 값이 0, 1, 2일 때의 확률을 알아봅시다.

$$P(X=0)=\frac{1}{4}$$

왜 $\frac{1}{4}$인지 볼까요? 표본공간의 원소는 4가지로 이것은 분모에 씁니다. 그리고 분자의 1은 앞면이 안 나오는 경우입니다. 모두 뒷면인 TT가 그에 해당하지요. 표본공간을 나타내는 집합 안에서 찾으면 됩니다. 다음을 알아보도록 합니다.

$$P(X=1)=\frac{1}{2}$$

앗, 여기서 잠시 헷갈려 하는 친구들이 있어요. 갑자기 왜 분모가 2가 됐냐고요? 하하, 당황하지 마세요. 그건 확률이 분수라서 그렇지요. 분수는 약분할 수 있거든요. 이 경우는 아마 분자의 크기에 따라 약분이 되었을 것입니다. 확인해 볼까요?

$P(X=1)$을 다시 살펴보면 이것은 앞면이 한 번 나오는 횟수를 말합니다. 표본공간에서 찾아보도록 합니다.

$$S=\{HH, HT, TH, TT\}$$

H가 앞면이라고 했으니 H가 하나 들어가 있는 것을 찾아봅시다. HT, TH로 두 가지 경우가 있네요. 그래서 이것을 확률로 나타내면 아래와 같습니다.

$$\frac{2}{4}=\frac{1}{2}$$ 약분해서 나온 것입니다

이제는 $P(X=2)$를 구해 보겠습니다.

$$P(X=2)=\frac{1}{4}$$

이것을 다시 그림으로 정리해 보면 다음과 같습니다. 그림을 보면서 수학적 감상에 빠져 보세요.

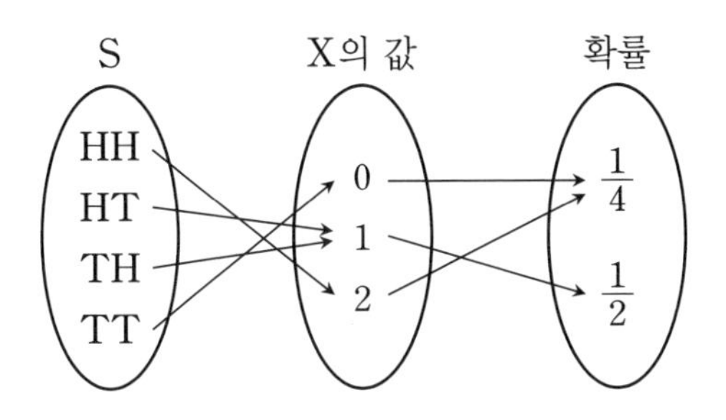

이와 같이 어떤 시행에서 표본공간의 각 원소에 하나의 실수를 대응시키고 그 값을 갖는 확률이 각각 정해지는 변수 X를 확률변수라고 합니다. 이때, 확률변수 X가 유한개의 값 x_1, x_2, ⋯, x_n을 취하면 X를 이산확률변수라고 합니다. 이산이라는 말은 연속적이지 못하고 띄엄띄엄 떨어져 있다는 뜻입니다.

그럼, 여기서 이산의 반대 개념인 연속의 개념을 살짝 짚고 넘어가 보겠습니다. 시계를 예를 들어 설명하겠습니다. 원판을 중심으로 회전하는 바늘에 대해 생각해 보겠습니다. 바늘이 회전하며 멈추는 끝의 눈금을 X라 하면 표본공간은 $S=\{x \mid 0<x\leq 12\}$입니다. 이때 X가 취할 수 있는 값은 구간 $(0, 12]$에 속한 모든 실수가 됩니다.

윤씨 아줌마가 이 (0, 12] 기호를 보고 놀라네요. 하하, 이 기호에 대해서는 이따가 설명하겠습니다. 지금 이 기호를 설명하면 설명의 맥이 끊어질 수도 있으니까요.

이와 같이 확률변수 X가 어느 구간의 실수 값을 취하면 X를 연속확률변수라고 합니다. 시계의 흐름은 동전처럼 구별되는 것이 아니라 연속되기 때문입니다.

이제, 아까 윤씨 아줌마가 궁금해했던 그 기호에 대해 자세히 알아보도록 하겠습니다. 아줌마도 잘 들어보세요.

일단 기호 (　)는 개구간을 나타냅니다. 멍멍 짖는 그 개구간이 아닙니다. '열려 있다'는 뜻이지요. 이것을 '초과 미만'으로 표현하기도 합니다. 초등학교 때 배운 말로 표현할 수 있습니다.

가령 (a, b)라고 한다면 x는 a 초과 b 미만이라는 뜻입니다. 문자보다는 숫자를 써서 나타내면 우리 학생들의 이해에 더욱 도움이 될 것입니다. $(1, 2)$는 찾고자 하는 x의 범위가 1 초과 2 미만인 수를 뜻합니다. 이것을 부등호 기호로 나타내면 $1<x<2$가 됩니다.

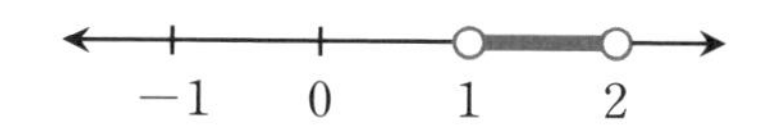

위 그림은 초등학교 때 배우는 수직선입니다. 1과 2가 포함되지 않는 경우입니다. 기억이 되살아나나요?

[1, 2]는 1 이상 2 이하입니다. [ ] 기호는 폐구간을 뜻합니다. 그래서 1과 2를 포함합니다. 다음은 개구간과 폐구간이 섞여 있는 개폐구간입니다.

(1, 2]는 1 초과 2 이하입니다. 비슷하게 생겼지만 의미는 다른 [1, 2)는 1 이상 2 미만입니다. 1이 포함되고 2가 포함되지 않는 것입니다. 그럼 앞에서 보았던 (0, 12]는 0 초과 12 이하를 뜻하겠지요? 0은 포함되지 않고 12를 포함하는 0과 12 사이의 실수라는 뜻입니다.

하지만 우리가 본격적으로 다루고자 한 내용은 구간이 아닙니다. 확률변수입니다. 그래서 복습하는 의미로 내용 정리를 다시 한번 해 보겠습니다. 정신 바짝 차리고 보세요. 고등학생 형들도 많이 힘들어하는 부분입니다.

이번에는 확률변수를 동전이 아닌 주사위를 던져서 알아보겠습니다. 주사위를 던지면 1, 2, 3, 4, 5, 6 중 어느 하나의 숫자가 나옵니다. 주사위를 던져서 2가 나올 확률은 얼마나 될까요? 모든 경우의 수가 1부터 6까지 6개이므로 2가 나올 확률은 $\frac{1}{6}$입니다. 나머지 1, 3, 4, 5, 6의 경우에도 마찬가지로 확률은 각각 $\frac{1}{6}$입니다.

"여기서 왜 분모는 6이 되어야 하나요?"

분모는 나올 수 있는 모든 경우의 수입니다. 주사위의 눈금은 1부터 6까지 6개밖에 없습니다. 그러니 분모는 모두 6이 될 수밖

에 없습니다. 이 주사위의 경우에는 말입니다.

윤씨 아줌마, '그래서 동전은 앞, 뒤로 2가지 경우니까 분모가 2가 되는 거구나' 라고 생각합니다.

주사위를 한 번 던졌을 때 나오는 수를 변수 X라고 하면, 변수 X가 될 수 있는 값은 1, 2, 3, 4, 5, 6입니다. X가 이들 값을 취할 확률은 앞에서 말했듯이 각각 $\frac{1}{6}$로 정해집니다.

이제 쉬운 표현만 할 수는 없습니다. 수학적인 표현도 배워야 합니다. 그래야 고등학생이 되었을 때를 대비할 수 있습니다.

어떤 변수 X가 취할 수 있는 값이 $x_1, x_2, x_3, \cdots, x_n$이고 변수 X가 이들 값을 취할 확률이 각각 $p_1, p_2, p_3, \cdots, p_n$으로 정해져 있을 때, 이 변수 X를 확률변수 또는 이산확률변수라고 합니다. 확률변수는 변수가 가질 수 있는 값이 정해져 있고 변수가 각 값들을 취할 확률도 정해져 있습니다.

이번 시간에 배운 것을 바탕으로 다음 시간에는 확률분포에 대해 자세히 알아보겠습니다. 여러분, 다음 수업에서 만나요.

첫번째
수업 정리

1. '표본공간의 각 근원사건에 단 하나의 수를 대응시키는 관계' 라는 말 속에서 특히, '대응', '관계' 라는 말과 '함수' 를 연관해서 생각할 수 있어야 합니다.

2. 확률변수는 표본공간을 정의역으로 하고, 실수 전체의 집합을 공역으로 하는 함수라고 볼 수 있습니다. 확률변수는 함수이나 마치 변수와 같은 역할을 하므로 확률변수라고 부릅니다.

3. 어떤 시행에서 표본공간의 각 원소에 하나의 실수를 대응시키고 그 값을 갖는 확률이 각각 정해지는 변수 X를 확률변수라고 합니다. 이때, 확률변수 X가 유한개의 값 x_1, x_2, $\cdots$, x_n을 취하면 X를 이산확률변수라고 합니다.

4. 어떤 변수 X가 취할 수 있는 값이 x_1, x_2, x_3, $\cdots$, x_n이고,

변수 X가 이들 값을 취할 확률이 각각 p_1, p_2, p_3, …, p_n으로 정해져 있을 때, 이 변수 X를 확률변수 또는 이산확률변수라고 합니다.

확률분포표

확률분포표를 통해 확률분포의 개념을 알아봅니다.
상대도수를 이용해 도수분포표를 확률분포표로 바꿀 수 있음을 이해합니다.

두 번째 학습 목표

1. 확률분포에 대해 알아보고 확률분포표를 살펴봅니다.
2. 이산확률변수에 대하여 알아봅니다.

미리 알면 좋아요

1. **확률분포** 확률변수의 분포 상태. 어떤 시행에서 일어날 수 있는 사건마다 그 확률값을 대응하게 한 것입니다.

2. **도수분포** 측정값을 몇 개의 계급으로 나누고 각 계급에 속하는 수치의 출현 도수를 조사하여 나타낸 통계 자료의 분포 상태.

3. **시그마**Σ 그리스 문자의 열여덟 번째 자모. 총합을 나타내는 기호입니다.

윤씨 아줌마, 오늘은 p피를 좀 다룰 거예요. 윤씨 아줌마는 피를 다룬다고 하니 엄청난 관심을 보이는군요.

"요즘, 젊은 사람들은 헌혈에 관심이 없어요. 피를 구하기가 얼마나 힘이 든다고요. 그래서 우리들은 어디 가서 피를 구하나 하고 발품을 팔고 다녀요."

마침 잘 되었습니다. 오늘 우리가 배울 것이 바로 확률의 분포입니다. 확률분포는 확률변수 X가 취하는 값 x_i와 X가 x_i를 취할 확률 p_i와의 대응 관계입니다. 대응 관계는 서로서로 짝을 지어준다고 보면 됩니다.

$$P(X=x_i)=p_i \text{ (단, } i=1, 2, 3, \cdots, n)$$

나는 윤씨 아줌마에게 주사위를 보여 주며 주사위 놀이를 한판 하자고 하였습니다.

아줌마는 p피가 분포되어 있는 것을 가르쳐 준다더니 웬 주사위냐고 실망을 하십니다. 하하, 나는 아줌마에게 다 연관이 있으니 주사위 놀이를 하자고 합니다. 그제서야 아줌마는 주사위 놀이에 관심을 보입니다. 윤씨 아줌마는 정말 봉사 정신이 투철하신 분 같습니다.

주사위를 한 번 던졌을 때 1, 2, 3, 4, 5, 6이 각각 나올 확률은 얼마일까요?

윤씨 아줌마가 잠시도 주저함이 없이 $\frac{1}{6}$이라고 말합니다. 각 숫자와 확률을 대응시켜 보면 $1 \rightarrow \frac{1}{6}$, $2 \rightarrow \frac{1}{6}$, $\cdots$, $6 \rightarrow \frac{1}{6}$이 됩니다.

이처럼 확률변수 X가 취할 수 있는 값 x_i와 X가 x_i를 취할 확률 p_i의 대응 관계를 확률변수 X의 확률분포라고 합니다.

윤씨 아줌마가 기다리던 p가 드디어 문자로 등장하는군요. p에 관계된 식으로 확률분포를 다시 정리해 보지요.

$$\mathrm{P}(\mathrm{X}=x_i)=p_i \quad (\text{단, } i=1, 2, 3, \cdots, n)$$

이렇게 나타나는 것을 앞에서 살짝 봤지요. 그리고 x_i와 p_i의 대응 관계를 표로 나타내면 확률분포표가 됩니다.

우리는 확률분포표를 보고 확률, 즉 p가 어디에 많은지를 알게 됩니다. 윤씨 아줌마, 그러면 어디에 p가 많은지 쉽게 찾을 수 있겠구나 하고 기뻐하시네요. 좀 더 자세히 예를 들어 줄 테니 잘 들어 보세요.

주사위를 한 번 던졌을 때 나오는 숫자를 X라고 합시다. 주사위를 한 번 던지는 경우 1이 나올 확률은 $\frac{1}{6}$입니다. 이를 영어가 섞인 식으로 나타내면 $\mathrm{P}(\mathrm{X}=1)=\frac{1}{6}$이라고 쓸 수 있습니다.

내가 영어가 섞인 식이라고 하니 윤씨 아줌마 얼굴이 갑자기 하얗게 변하며 표정이 굳어집니다. 윤씨 아줌마는 영어를 몹시 두려워하는 것 같습니다. 수학에서는 영어 문장은 사용하지 않지만 알파벳은 가끔 사용합니다.

이처럼 1, 2, 3, 4, 5, 6이 나올 확률이 각각 $\frac{1}{6}$이므로 확률변수 X에 대한 확률분포표는 다음과 같습니다.

X	1	2	3	4	5	6
P(X)	$\frac{1}{6}$	$\frac{1}{6}$	$\frac{1}{6}$	$\frac{1}{6}$	$\frac{1}{6}$	$\frac{1}{6}$

이제 주사위 놀이만 할 게 아니라 동전을 이용하여 확률분포표를 만들어 보며 복습을 해 보겠습니다.

아참, 미안해요. 분포라는 말을 설명하지 않았습니다. 그런데 분포라는 말을 안 들어 봤나요? 분포는 흩어져 있는 정도를 말합니다. 자, 이제 동전으로 놀아 보겠습니다.

동전을 세 번 던지는 시행에서……. 시행이라는 말은 알고 있지요. 던지는 행위라고 생각하세요. 왜 이렇게 용어에 집착을 하냐고요? 나중에 여러분이 고등학생이 되면 이런 용어를 가지고 설명을 하니까 어쩔 수 없습니다. 나도 이런 어려운 말은 싫습니다. 여러분이 커서 힘 있는 사람이 되면 고쳐 보세요. 하지만 많은 학생들은 커서 힘을 가지면 고쳐야지 하다가 어른이 되면 자신의 어릴 적 괴로움을 잊어버리지요. 그래서 아직도 수학 용어가 어려운 것입니다.

동전을 세 번 던지는 시행에서 앞면이 나오는 횟수를 확률변수 X라 하면 X는 0, 1, 2, 3의 값을 가집니다. 다시 수학적 두뇌를 사용하는 질문을 하겠습니다. 왜 0, 1, 2, 3의 값을 가질까요? 동전을 세 번 던지니까 앞면이 안 나오면 0이고 세 번 모두 앞면이면 3이라 그 사이에서 확률변수가 움직입니다. 그래서 X가 이들 값을 취할 확률을 표로 만들면 다음과 같습니다.

X	0	1	2	3	합계
확률	$\frac{1}{8}$	$\frac{3}{8}$	$\frac{3}{8}$	$\frac{1}{8}$	1

확률은 분수로 나타납니다. 그럼 이 분수를 가지고 이야기를 좀 나누도록 합니다. 분모가 왜 8일까요? 윤씨 아줌마, 대답해 주세요.

"베르누이 선생님, 성격 참 까칠하네. 왜 나를 못살게 구세요!"

하하. 미안합니다. 내가 그냥 풀이하겠습니다.

동전을 세 번 던진다고 했습니다. 하나의 동전에는 나올 수 있는 경우가 앞면, 뒷면으로 2가지입니다. 그리고 세 번을 던지니까 2가지, 2가지, 2가지로 각각의 경우가 나옵니다. 처음에 던진 결과가 두 번째, 세 번째 던진 결과에 영향을 미치지 않으니까 곱의 법칙을 적용합니다. 서로 영향을 끼치지 않으면 곱하기를 하는 것이라고 생각하세요.

$2 \times 2 \times 2 = 8$입니다. 그래서 분모는 8이 되는 것입니다. 이제 분자가 만들어지는 경우를 샅샅이 살펴봅니다.

0이 되는 때는 동전을 세 번 던진 것이 모두 뒷면이 나오는 경우 한 가지입니다. 그래서 확률변수 X가 0이 되는 경우는 $\frac{1}{8}$입니다.

앞면이 한 번 나오는 경우는 (앞면, 뒷면, 뒷면), (뒷면, 앞면, 뒷면), (뒷면, 뒷면, 앞면)으로 3가지가 있습니다. 그래서 확률변수 X가 1인 경우의 확률은 $\frac{3}{8}$입니다. 나머지도 그렇게 표현해주면 됩니다.

일반적으로 한 시행에서 이산확률변수 X가 취할 수 있는 값 $x_1, x_2, x_3, \cdots, x_n$과 X가 이들 값을 취할 확률 $p_1, p_2, p_3, \cdots, p_n$의 대응 관계를 이산확률변수 X의 확률분포라고 합니다. 그림으로 살펴봅니다.

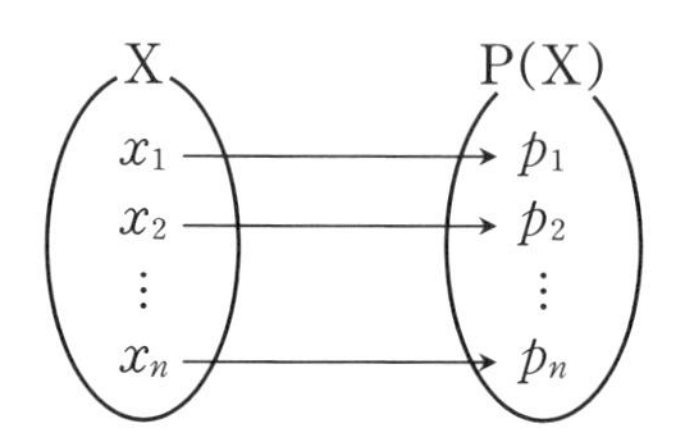

위 그림이 대응 관계를 나타낸 그림입니다. 확률의 합계는 항상 1입니다.

$$p_1+p_2+p_3+\cdots+p_n=1 \quad (p_i \geq 0, i=1, 2, \cdots n)$$

윤씨 아줌마, 나랑 확률분포표를 하나 만들어 봅시다. p는 아줌마가 좋아하니 p를 구할 때는 아줌마가 구해 보세요. 물론 제가 옆에서 도와줄 테니까요.

문제1

숫자 1, 2, 3이 적힌 헌혈 봉지가 각각 6장, 2장, 4장 들어 있는 상자에서 한 장의 봉지를 꺼낼 때, 이 헌혈 봉지에 적힌 숫자를 확률변수 X라고 하자. 이 때, X의 확률분포표는?

내가 먼저 풀이를 시작하겠습니다. 아줌마, 얼굴 좀 펴세요. 너무 긴장하지 마시고요. 내가 옆에서 돕는다고 했잖아요.

확률변수 X는 1, 2, 3 중 어느 하나의 값을 가집니다. 따라서,

$P(X=1)=?$

아줌마 뭐하세요. P가 나왔네요. 아줌마가 구해 보세요. 덜덜 떨지 마시고. 봉지가 모두 몇 개 있지요? 모든 봉지의 개수가 분모를 나타내요. 아줌마는 떨리는 손으로 6장, 2장, 4장을 더해서 12장이라고 말합니다. 그래요. 그럼 분모는 12로 정합니다.

그 다음 분자를 알아야 P를 구할 수 있습니다. X=1, 즉 봉지에 1이 적힌 것은 몇 개라고 했지요? 아줌마는 정신을 차리고 1이 적힌 봉지가 6개라고 말합니다. 그렇습니다. 아줌마 힘내세요. 다 한거나 마찬가지에요. 이제 분모, 분자를 가지고 분수로 나타내기만 하면 그게 바로 P입니다.

$P(X=1)=\frac{6}{12}$입니다. 잘 했습니다. 아줌마, 파이팅! 그러나 여기서 답에 대한 손질을 좀 하겠습니다. 틀렸다고 볼 수는 없지만 확률이 분수로 나타난 이상 약분을 해야 합니다. 그러므로 $\frac{6}{12}=\frac{1}{2}$이 됩니다.

자신감을 얻은 아줌마는 연속으로 P를 구해 버립니다. 헌혈 아줌마의 힘입니다.

$$P(X=2)=\frac{2}{12}=\frac{1}{6},\quad P(X=3)=\frac{4}{12}=\frac{1}{3}$$

따라서, 확률분포표는 아래처럼 구해집니다.

X	1	2	3	합계
$P(X=x)$	$\frac{1}{2}$	$\frac{1}{6}$	$\frac{1}{3}$	1

이제 확률분포표를 만들 수 있겠지요? 아줌마도 이제 자신이 좀 붙었나 봅니다.

확률분포에서 변수는 도수분포에서 변량에 해당됩니다. 도수분포에 대한 것은 초등학교 때 도표를 통해 맛을 보다가 중학교 1학년 때 본격적으로 배우게 됩니다.

한 명, 두 명을 나타내는 명수나 한 개, 두 개라고 나타내는 개수가 바로 도수에 해당합니다. 이런 도수분포와 확률분포는 제법 밀접한 관계를 가집니다.

도수분포와 확률분포의 관계

도수분포에서 도수 f_k를 총 도수 N으로 나눈 값을 상대도수라고 합니다. 상대도수 $\frac{f_k}{N}$는 변량 X가 취할 확률 $P(X=x_k)$와 같습니다.

따라서 도수분포는 확률분포로 바꿀 수 있고 도수분포에서의 평균, 표준편차는 각각 확률분포에서의 평균, 표준편차와 같습니다. 표를 보면서 좀 더 살펴보기로 합니다.

변량 X	x_1	x_2	…	x_k	…	x_n	합계
도수	f_1	f_2	…	f_k	…	f_n	N

X	x_1	x_2	…	x_k	…	x_n	합계
$P(X=x_i)$	$\frac{f_1}{N}=p_1$	$\frac{f_2}{N}=p_2$	…	$\frac{f_k}{N}=p_k$	…	$\frac{f_n}{N}=p_n$	1

상대도수가 바로 확률분포의 p값과 같게 되는 것을 볼 수 있습니다.

이제 확률분포의 성질에 대해 알아보도록 하겠습니다. 성질에 대해 알아본다고 하니 윤씨 아줌마는 확률분포의 성질이 난폭하

냐며 걱정을 합니다. 그래서 내가 앞에서 공부한 것을 정리하는 시간이라고 말하자 안심이 되시는지 혈색이 돌아옵니다.

이산확률변수 X가 취하는 각 값 x_i에 대한 확률 p_i ($i=1, 2, 3, \cdots, n$)는 어떤 사건에 대한 확률을 확률변수로 나타낸 것입니다. 그러므로 확률의 기본 성질에 의하여 다음과 같은 성질을 만족합니다.

중요 포인트

이산확률변수 X의 확률이 $P(X=x_i)=p_i$ ($i=1, 2, 3, \cdots, n$)일 때,

① $0 \le p_i \le 1$

사건이 일어날 가능성이 없을 때는 0이고 항상 일어나는 경우는 1입니다.

② $p_1+p_2+\cdots+p_n=1$

모든 확률들을 다 더하면 전체가 되므로 확률의 합은 1입니다.

③ $P(a \le X \le b)=\sum_{x=a}^{b} P(X=x)$ (단, a, b는 n 이하의 자연수)

앞의 내용에서 참새 부리, 아니 앵무새 부리 같이 생긴 기호가 보입니까? '∑' 말입니다. 이 기호는 시그마라고 읽습니다. 그 기능은 몽땅 다 더하는 것입니다. 그리고 이 기호 아래, 위에 쓰인 조그마한 수들은 더하기 시작하는 부분과 마지막 부분을 말합니다.

즉, $\sum_{x=a}^{b}$는 a에서 b까지를 더한다는 뜻입니다. 무섭게 생긴 기호지만 알고 보면 참 순한 놈입니다. 더하기 기호라고 보면 됩니다.

어디서 어디까지 더할지 알려주는 친절한 더하기 기호이지요. 매번 어디서 어디까지 더하라고 길게 말하는 것 대신 이 기호 하나면 다 표현됩니다. 버튼 하나로 기계가 작동되는 편리함처럼 말입니다.

버튼 사용법을 모르는 원시인은 그 버튼이 아무 소용이 없지만 사용법을 아는 우리는 아주 편하지요. 수학의 기호 역시 사용법만 안다면 무척 편리합니다. 학창 시절에 수학을 배워야 하는 우리들은 반드시 기호에 익숙해지도록 노력해야 합니다.

확률분포의 성질을 제대로 알고 있는지 점검해 보겠습니다. 이런 점검을 학생들은 무척 싫어하지만 몸에 좋은 약은 맛이 씁니다. 그런 뜻에서 이 문제를 꼭 풀어보도록 합니다.

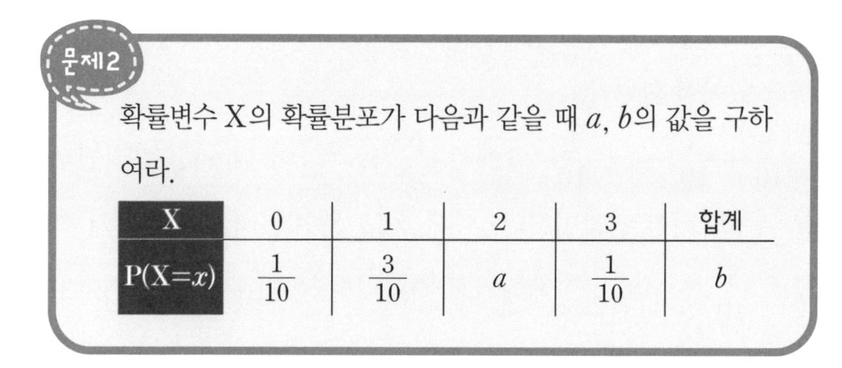
문제2

확률변수 X의 확률분포가 다음과 같을 때 a, b의 값을 구하여라.

X	0	1	2	3	합계
$P(X=x)$	$\frac{1}{10}$	$\frac{3}{10}$	a	$\frac{1}{10}$	b

자, 이 문제를 요리해 보도록 합니다. 요리왕들은 얼마나 신선

한 재료를 준비했는지 요리하기 전에 살펴봅니다. 우리도 이 요리의 재료들을 좀 살펴봅시다. 확률을 나타내는 확률변수가 맞군요. 왜냐고요? 분수들이 보이니까요. 정말 신선한 재료의 분수인 것 같습니다.

이제 도마 위에 올려 놓고 계산을 해 보겠습니다. 각 재료들, 즉 확률변수의 값들은 하나의 재료에서 나온 것이므로 다 더하면 항상 1이 되어야 합니다. 그래서 b의 값은 생각할 것도 없이 1이 됩니다. 최고의 요리사가 되려면 자다가도 벌떡 일어나 이 사실은 암기하고 있어야 합니다. 확률의 합계는 항상 1입니다.

합계가 1이라는 사실을 염두에 두고 a의 값을 알아내 보겠습니다. 식을 세우면 a의 값을 쉽게 풀어낼 수 있습니다. 즉 요리 순서에 해당됩니다. 맛있는 요리는 언제나 요리 순서를 잘 기억하고 있어야 합니다.

$\frac{1}{10}+\frac{3}{10}+a+\frac{1}{10}=1$에서 $\frac{5}{10}+a=1$이 나옵니다. 좌변의 분수끼리 더한 결과입니다. 이제 유도 선수가 마치 엎어치기 하듯이 $\frac{5}{10}$를 우변으로 패대기칠 것입니다. 놀라운 한판을 지켜보세요.

$a=1-\frac{5}{10}$, 좌변에 있던 $\frac{5}{10}$가 우변으로 패대기쳐지며 부호

가 바뀌었지요. 한판의 결과는 부호가 반대로 되는 것입니다.

이제 정리해 보면 $a=\frac{5}{10}=\frac{1}{2}$이 됩니다. 분수는 약분이 가능하면 세계 어디를 가든 약분해야 합니다. 중력이 약한 달에서는 약분을 하는지 잘 모르겠습니다. 알아보고 다음 시간에 기억나면 알려주겠습니다. 하하하! 다음 교시에서 보도록 합니다.

두번째
수업 정리

❶ 확률변수 X가 취할 수 있는 값 x_i와 X가 x_i를 취할 확률 p_i의 대응 관계를 확률변수 X의 확률분포라고 합니다.

❷ 일반적으로 한 시행에서 이산확률변수 X가 취할 수 있는 값 $x_1, x_2, x_3, \cdots, x_n$과 X가 이들 값을 취할 확률 $p_1, p_2, p_3, \cdots, p_n$의 대응 관계를 이산확률변수 X의 확률분포라고 합니다.

❸ 확률의 합계는 항상 1입니다.

$p_1+p_2+p_3+\cdots+p_n=1 \quad (p_i \geq 0, i=1, 2, \cdots, n)$

❹ 도수분포에서 도수 f_k를 총 도수 N으로 나눈 값을 상대도수라고 합니다. 상대도수 $\frac{f_k}{N}$는 변량 X가 취할 확률 $P(X=x_k)$와 같습니다.

5 이산확률변수 X의 확률이 $P(X=x_i)=p_i$ ($i=1, 2, 3, \cdots, n$)일 때,

① $0 \leq p_i \leq 1$

사건이 일어날 가능성이 없을 때는 0이고 항상 일어나는 경우는 1입니다.

② $p_1+p_2+\cdots+p_n=1$

모든 확률들을 다 더하면 전체가 되므로 확률의 합은 1입니다.

③ $P(a \leq X \leq b)=\sum_{x=a}^{b} P(X=x)$ (단, a, b는 n 이하의 자연수)

기댓값

복권의 상금을 가지고 기댓값을 알아봅니다. 기댓값의 계산을 통해, 게임을 할 때 유리한지 알 수 있습니다.

세 번째 학습 목표

1. 평균과 기댓값의 관계를 알아봅니다.
2. 상대도수에 대해서 알아봅니다.

미리 알면 좋아요

1. **평균** 여러 수나 같은 종류의 양의 중간값을 갖는 수. 산술평균, 기하평균, 조화평균 따위가 있는데 일반적으로 산술평균을 말합니다.

2. **기댓값** 어떤 사건이 일어날 때 얻어지는 양과 그 사건이 일어날 확률을 곱하여 얻어지는 가능성의 값

이제 우리는 이산확률변수의 평균에 대해 알아보도록 하겠습니다. 제목에는 기댓값이라고 해놓고 갑자기 평균을 구하니 너무 섭섭해서 눈물이 날 것 같다고요? 기다려 보세요.

상금이 걸린 100장의 복권이 있습니다. 복권의 결과가 기대된다고 윤씨 아줌마가 관심을 가집니다. 다음 표를 보고 상금의 평균을 구해 보겠습니다. 윤씨 아줌마도 그게 상당히 궁금했을 겁니다. 윤씨 아줌마는 아직도 로또 복권을 가지고 있습니다.

등급	상금(원)	장수
1등	10000	1
2등	5000	5
3등	1000	10
등수에 안 듦 꽝	0	84

평균은 상금에 장수를 곱하고 총 장수로 나누면 됩니다. 식으로 정리하면 $\frac{(\text{총 상금액})}{(\text{총 복권 수})}$ 입니다. 이제 이것을 계산해 보겠습니다.

$$\frac{10000\times1+5000\times5+1000\times10+0\times84}{100}=450\text{원}$$

만약 복권의 값이 500원이라면 복권 한 장에 대한 상금의 평균 기댓값은 450원이니까 50원이 손해겠지요. 실제로 로또 복권도 이런 식으로 계산해 보면 사는 사람에게 결코 유리하지는 않습니다. 그렇게 큰 상금을 주고도 엄청난 금액의 돈이 남게 기댓값이 책정되어 있습니다. 그 이야기는 나중에 하고, 복권 한 장에 대한 상금을 확률변수 X라고 하여 다음 표를 다시 만들어 봅니다.

X	P(X=x)
10000	$\frac{1}{100}$
5000	$\frac{5}{100}$
1000	$\frac{10}{100}$
0	$\frac{84}{100}$
합계	1

X의 각 값과 그에 대응하는 확률을 곱하여 더한 값을 알아보겠습니다.

$$10000 \times \frac{1}{100} + 5000 \times \frac{5}{100} + 1000 \times \frac{10}{100} + 0 \times \frac{84}{100} = 450\text{원}$$

앗, 그렇습니다. 평균과 기댓값이 같습니다. 이제 우리가 가장 싫어하는 기호를 통해 이 사실을 정리해 보도록 합니다. 수학 기호로 정리를 한다니 윤씨 아줌마가 출장근무 가는 것만큼 싫은 기색입니다.

다음은 변량과 그 도수 및 상대도수를 나타낸 것입니다.

변량	도수	상대도수
x_1	f_1	$\frac{f_1}{N}$
x_2	f_2	$\frac{f_2}{N}$
$\vdots$	$\vdots$	$\vdots$
x_n	f_n	$\frac{f_n}{N}$
합계	N	1

여기서, 변량을 X로 나타내면 X는 x_1, x_2, $\cdots$, x_n의 값을 취하는 확률변수입니다. 그런데 왜 이렇게 어려운 기호를 사용하냐고요? 그냥 말로 표현하면 안 되냐고요? 우리가 고등학생이 되면 이 기호를 가지고 확률변수에 대한 것을 다룰 것입니다. 지금부터라도 이 기호에 익숙해져야만 그때 가서 생기는 고통이 좀 줄어들 것입니다. 미리 맞는 독감 예방 접종이라고 생각하고 이겨냅시다. 아자!

상대도수 $\frac{f_i}{\mathrm{N}}$를 X가 x_i를 취할 확률, 즉 $\mathrm{P}(\mathrm{X}=x_i)=\frac{f_i}{\mathrm{N}}$로 보면 위와 같이 X의 확률분포를 나타내는 표를 만들 수 있었습니다.

자, 이제 나와 있는 용어에 대한 정리를 좀 하고 이야기를 계속하겠습니다.

변량은 모르니까 x라 둘 수 있습니다. 도수를 나타내는 알파벳을 여기서는 f로 두겠습니다. 상대도수라는 말은 중학교 1학년 때 처음 다룹니다. 여러분에게 중학교 1학년 수학책을 찾아보라고 하면 분명 귀찮게 여길 것입니다. 그래서 내가 상대도수를 가르쳐 주겠습니다.

상대도수란 서로 상相, 마주대할 대對, 횟수 도度, 셀 수數라는 한자어입니다. 전체에 대한 상대적 크기를 나타낸 도수입니다. 각 계급의 도수를 도수의 총합으로 나눈 값이기도 합니다.

상대도수는 $\frac{(\text{각 계급의 도수})}{(\text{도수의 총합})}$로 계산할 수 있습니다. 상대도수는 전체 도수를 1로 보았을 때, 각 계급의 도수가 차지하는 비율을 나타낸 것입니다. 일반적으로 상대도수는 분수나 백분율% 로 나타내지 않고 소수로 나타냅니다.

전체도수가 다른 두 집단에서 어떤 계급의 실제 학생 수를 비교할 때는 도수로 비교하고, 전체 도수에 대한 비율을 비교할 때에는 상대도수로 비교해야 합니다.

50명 중에 2등과 1000명 중의 2등은 다르다는 이야기입니다. 이때 누가 더 잘하는지 비교하려면 상대도수로 알아보면 된다는 뜻입니다. 이제는 원래대로 돌아가서 앞의 표에서 평균을 구한 것을 식으로 나타내 보겠습니다.

$$(\text{평균})=\frac{x_1f_1+x_2f_2+\cdots+x_nf_n}{\mathrm{N}}$$

어서 우리도 부강한 나라가 되어 이 외국산 기호를 국산화 시켜야겠습니다. 외국 부품으로 수학을 공부하려고 하니 피부에 잘 와닿지도 않고 이해하기 힘듭니다.

하하, 참고로 나는 스위스 사람입니다. 윤씨 아줌마는 한국 사람이니까 한국어로 국산화 시키세요. 한국 청소년이 훌륭하게 자라서 꼭 해낼 것입니다.

이 식의 우변은 X의 각 값과 그에 대응하는 확률을 곱하여 더한 것과 같습니다. 직접 보여 달라고요? 보여는 주겠습니다. 하지만 알파벳이라 나의 설명 없이는 좀…….

$$\begin{aligned}\frac{x_1f_1+x_2f_2+\cdots+x_nf_n}{\mathrm{N}}&=x_1\times\frac{f_1}{\mathrm{N}}+x_2\times\frac{f_2}{\mathrm{N}}+\cdots+x_n\times\frac{f_n}{\mathrm{N}}\\&=x_1\times\mathrm{P}(\mathrm{X}=x_1)+x_2\times\mathrm{P}(\mathrm{X}=x_2)\\&\quad+\cdots+x_n\times\mathrm{P}(\mathrm{X}=x_n)\ \cdots ①\end{aligned}$$

따라서 평균은 ①의 식으로 나타낼 수 있습니다. 한마디로 변량에 확률을 곱해서 더하면 그게 바로 평균이란 소리입니다.

X	x_1	x_2	…	x_i	…	x_n	합계
$\mathrm{P}(\mathrm{X}=x)$	p_1	p_2	…	p_i	…	p_n	1

일반적으로 어떤 이산확률변수 X의 확률분포가 위 표와 같을

때, 아래위로 곱해서 더하면 평균, 즉 기댓값이 된다는 것입니다.

$$x_1p_1+x_2p_2+\cdots+x_ip_i+\cdots+x_np_n=\sum_{i=1}^{n} x_ip_i$$

시그마Σ 기호에 대해서는 설명했지요. 더하라는 기호라고요. 위 식을 X의 평균 또는 기댓값이라고 하고, 기호 E(X) 또는 m으로 나타냅니다.

$$\mathrm{E(X)}=x_1p_1+x_2p_2+\cdots+x_ip_i+\cdots+x_np_n=\sum_{i=1}^{n} x_ip_i$$

주로 결과가 금액으로 표현되는 경우에 평균과 구분하여 기댓값이라고 합니다. 예를 들어, 한 개의 동전을 던져서 앞면이 나오면 100원, 뒷면이 나오면 50원을 받는다고 합시다. 한 개의 동전을 던질 때 그 기댓값은 다음과 같이 구합니다.

한 개의 동전을 던질 때 앞면이 나오는 횟수를 확률변수 X라고 하면 X의 기댓값은 다음과 같습니다.

$$100\times\frac{1}{2}+50\times\frac{1}{2}=75\text{원}$$

여기서 E(X)의 E는 Expectation기댓값의 첫 글자이고, m은 mean평균의 첫 글자입니다.

윤씨 아줌마, 우리 문제 하나 안 풀고 갈 수 없잖아요. 간단한 것 하나만 풀어 봅니다. 안 풀면 너무 섭섭합니다.

한 개의 주사위를 던지는 시행에서 나오는 눈의 수를 X라 할 때, X의 확률분포를 표로 나타내면 다음과 같습니다.

X	1	2	3	4	5	6	합계
$P(X=x)$	$\frac{1}{6}$	$\frac{1}{6}$	$\frac{1}{6}$	$\frac{1}{6}$	$\frac{1}{6}$	$\frac{1}{6}$	1

따라서, X의 평균은 다음과 같음을 알 수 있습니다.

$$\begin{aligned} E(X) &= 1\times\frac{1}{6}+2\times\frac{1}{6}+3\times\frac{1}{6}+4\times\frac{1}{6}+5\times\frac{1}{6}+6\times\frac{1}{6} \\ &= \frac{21}{6}=3.5 \end{aligned}$$

그런데 정말 미안한 이야기를 하겠습니다. 지금 푼 문제가 내려고 했던 문제가 아닙니다. 이것은 몸풀기용입니다. 진짜 문제는 이제부터입니다. 윤씨 아줌마, 내 말에 화가 나셨는지 도끼눈을 뜹니다. 문제 나갑니다. 기댓값을 이용하여 게임의 유리함과 불리함을 판단하는 문제입니다.

문제

3개의 딱지가 있습니다. 첫 번째 딱지의 양면에는 각각 가, 나라는 글자가 적혀 있습니다. 두 번째 딱지의 양면에는 각각 나, 다가 적혀 있고, 세 번째 딱지의 양면에는 각각 다, 가라는 글자가 적혀 있습니다.
이제 3장의 딱지를 동시에 던졌을 때, 같은 글씨가 적힌 딱지가 2개 나오면 윤씨 아줌마가 나에게 1000원을 받고, 딱지에 모두 다른 문자가 적혀있으면 윤씨 아줌마는 나에게 4000원을 주기로 합니다. 이 게임은 누구에게 유리할까요?

다음 장으로 ☞

게임의 유 · 불리는 기댓값의 많고 적음에 따라 정해집니다. 윤씨 아줌마는 누가 유리한지 고민만 하고 있습니다. 결국 풀 생각은 안하고 둘 중에 하나를 찍어보려고 합니다. 여러분도 기댓값 계산에는 관심이 없고 자신의 찍기 실력이 얼마나 되나 하고 바로 답을 보려고 하고 있지요. 참으세요. 누가 유리한지 내가 차근차근 계산해 보겠습니다.

세상을 편하게 살수록 미래에 대한 확률은 불확실해집니다. 미래는 우리 손으로 개척해야지, 운에 맡기면 되겠습니까? 확률을 제대로 활용하는 길이기도 합니다. 잔소리 그만하고 풀이 들어갑니다.

3장의 딱지를 던질 때 나오는 모든 경우는 다음과 같습니다.

(가, 나, 가), (가, 나, 다), (가, 다, 가), (가, 다, 다), (나, 나, 가), (나, 나, 다), (나, 다, 가), (나, 다, 다)

이때, 같은 문자가 2개 나올 확률은 $\frac{6}{8}=\frac{3}{4}$, 모두 다른 문자가 나올 확률은 $\frac{2}{8}=\frac{1}{4}$입니다.

윤씨 아줌마가 받는 금액을 $+$, 윤씨 아줌마가 주는 금액을 $-$로 나타내고, 윤씨 아줌마가 받을 수 있는 금액을 확률변수 X라 하면 그 기댓값 E(X)는 다음과 같습니다.

$$E(X)=1000\times\frac{3}{4}+(-4000)\times\frac{1}{4}=-250\text{원}$$

따라서, 윤씨 아줌마는 250원을 잃게 될 것이 기대되므로 이 게임은 윤씨 아줌마에게 불리합니다. 이 말을 들은 아줌마, 게임을 피해 멀리 도망갑니다. 그래서 이번 수업을 마칩니다.

세번째
수업 정리

❶ 상대도수 $\frac{f_i}{N}$는 X가 x_i를 취할 확률과 같습니다.

$$P(X=x_i)=\frac{f_i}{N}$$

❷ $(\text{상대도수})=\frac{(\text{각 계급의 도수})}{(\text{도수의 총합})}$

❸ $E(X)=x_1p_1+x_2p_2+\cdots+x_ip_i+\cdots+x_np_n=\sum_{i=1}^{n}x_ip_i$

❹ E(X)의 E는 Expectation기댓값의 첫 글자이고, m은 mean평균의 첫 글자입니다.

확률과 통계에 대한 이야기

우리 생활 곳곳에서 사용되는 통계의 예들을 살펴보고 통계를 배워야 하는 필요성을 느낍니다. 통계 자료는 정확히 분석하지 않으면 왜곡된 신념을 갖게 할 수도 있음을 압니다.

네 번째 학습 목표

확률과 통계에 대한 이야기를 통해 학습의욕을 높입니다.

미리 알면 좋아요

1. **이자율** 원금에 대한 이자의 비율

2. **방정식** 어떤 문자가 특정한 값을 취할 때에만 성립하는 등식

3. **통계학** 사회 현상을 통계에 의하여 관찰 · 연구하는 학문. 수학의 한 분야입니다. 수리 통계학과 추측 통계학으로 나눕니다.

4. **표본 자료** 추출에 의하여 얻은 자료에 관한, 어느 매개 변수의 추정 값. 통계 집단의 표본을 나타내는 숫자로 평균값, 분산 따위가 있습니다.

5. **DNA** 유전자의 본체. 디옥시리보오스를 함유하는 핵산으로 바이러스의 일부 및 모든 생체 세포 속에 있으며, 진핵 생물에서는 주로 핵 속에 있습니다. 아데닌, 구아닌, 시토신, 티민의 4종 염기를 함유하며, 그 배열 순서에 유전 정보를 포함합니다.

윤씨 아줌마가 나에게 와서 이런 수학은 우리 생활에서 쓰이지도 않는데 왜 배우냐며 목에 핏대를 세워가며 질문합니다. 하하, 요즘 윤씨 아줌마가 자녀 과외비로 많이 힘이 드나 봅니다. 나는 수업에서 살짝 벗어나지만 따로 한 교시를 할애해서 확률과 통계의 필요성에 대해 이야기를 하겠습니다.

수학은 우리 생활 곳곳에 깜찍하게 숨어 있습니다. 옆에 있던 윤씨 아줌마, '깜찍이 아니고 끔찍이겠지요' 하면서 투덜댑니다.

수학은 일기예보에서 비가 올 확률, 돈을 저축할 때 이자율, 그리고 범죄 분석을 위해서도 사용됩니다. 숫자를 이용하면 이해하기 힘든 범죄 사건이 해결되기도 합니다.

범인들의 행동 양식에서 규칙성을 찾아 그에 맞는 방정식을 만들어 범인의 행동을 미리 예측해 냅니다. 이 방정식을 이용하여 범인이 있을 장소를 추정하여 그곳을 중심으로 범인을 수색합니다. 사건을 처리하는 방법을 잘 살펴보면 수리적 통계 방식을 자주 이용합니다. 물론 아직은 TV드라마에나 등장하지만 그 활용은 가능할 것으로 보입니다.

통계의 활용은 단지 범죄 수사에만 적용되는 것이 아닙니다. 우리는 신문이나 뉴스, 광고 등에서도 통계에 대한 정보를 자주 접하게 됩니다.

다음은 거짓말 탐지기에 대한 2006학년도 중앙대학교 2학기 수시 문제입니다.

형사사건에서 허위 증언을 줄이는 방법으로 거짓말 탐지기를 사용하는 경우가 많습니다. 심장 박동 수만으로 거짓 여부를 판단하는 거짓말 탐지기 A와 B가 있습니다. 이 두 탐지기의 정확도를 알아보기 위해 어떤 한 집단의 건강한 성인을 대상으로 동일한 실험 조건 하에서 반복 실험을 하였습니다. 그 결과 거짓말 하지 않는 경우와 거짓말을 하는 경우에 대해 다음 [표 1]을 얻게 되었습니다.

[표 1] 거짓말 탐지기 A와 B의 반응 실험 결과

	탐지기 A	탐지기 B
① 거짓말을 하지 않은 상황에서 거짓이라고 판단하는 비율	5%	5%
② 거짓말을 하는 상황에서 거짓이라고 판단하는 비율	91.5%	93.5%

거짓말의 종류에는 감추는 형태와 속이는 형태가 있습니다. 거짓말 탐지기는 이러한 형태의 차이에 영향을 받을 수 있습니다. 즉, '감추는 거짓말' 의 경우가 '속이는 거짓말' 의 경우보다 감정 변화가 덜하기 때문에 거짓말 탐지기가 이를 탐지하기 어렵다는 것입니다.

한 통계에 의하면, 거짓말을 하는 상황에서 어떤 거짓말 탐지기라도 '감추는 거짓말' 을 거짓말로 판단하는 비율이 '속이는 거짓말' 을 거짓말로 판단하는 비율보다 5% 정도 낮다고 합니다. 예를 들어, 거짓말 탐지기가 '감추는 거짓말' 을 거짓말로 판단하는 비율이 90%라면, '속이는 거짓말' 을 거짓말로 판단하는 비율이 95%라는 것입니다.

[표 1]에 나타나 있는 ②의 거짓말을 하는 상황에서, 실험의 질문 형태를 분석한 결과는 [표 2]와 같다고 합니다.

[표 2] 거짓말을 하는 상황에서의 질문 형태의 구성 비율

	탐지기 A	탐지기 B
'감추는 거짓말' 형태의 구성 비율	70%	30%
'속이는 거짓말' 형태의 구성 비율	30%	70%

'[표 2]를 근거로 하여 [표 1]의 결과를 설명하시오' 가 출제된 문제입니다.

윤씨 아줌마가 아주 좋은 문제라고 말합니다. 윤씨 아줌마는 감추는 거짓말을 하고 있는 것입니다. 윤씨 아줌마가 이 문제를 당장 풀 수 있다고 말한다면 속이는 거짓말에 해당됩니다.

거짓말 탐지기의 정확도는 거짓말의 형태에 따라 판단하는 비율이 달라지기 때문에 [표 1]로만 판단할 수 없습니다. [표 2]의 거짓말하는 질문 형태의 비율에 따라 탐지기의 정확도를 계산해 볼 수 있습니다.

"솔직히 이 문제는 너무 어렵단 말이에요. 복잡한 계산은 하기 싫어요!"

윤씨 아줌마의 솔직한 항의에 문제 푸는 것은 하지 않기로 하

겠습니다. 윤씨 아줌마가 행복한 미소를 짓습니다. 그렇습니다. 나 베르누이는 저 행복해 하는 미소를 저버릴 수 없습니다.

현대인들은 언제부터인가 통계에 대한 믿음을 가지게 되었습니다. 21세기에는 인구 변동은 물론 도덕, 범죄처럼 무질서해 보이는 사회 현상과 자연 현상에도 규칙성을 부여하려는 통계학의 시도가 등장하기 시작했습니다.

얼마 전 미국에서는 미식축구 선수로 유명한 심슨이라는 자가 아내를 죽이고 구속되어 재판을 받았습니다. 피살 현장에서 범인의 것으로 판단되는 핏자국을 찾았습니다. 여기에서 채취한 DNA가 심슨의 것이라고 판정되어 심슨의 유죄가 입증되었습니다.

검사 측은 DNA 분석 결과 우연하게 일치할 확률이 1만 분의 1인 점을 내세워 심슨이 99.99%의 확률로 살인자라고 주장했습니다.

이에 심슨의 변호사 측은, 검사 측의 주장이 LA 인근의 인구 300만 명을 조사한다면 그 중 300명이 같은 DNA를 공유한다는 의미라며 심슨은 99.7%의 확률로 범인이 아님을 주장하였습니다.

결국 재판부는 변호사 측의 손을 들어 주었습니다. 이처럼 통계는 해석하는 이에 따라 다른 주장을 펼 수 있는 불합리한 점도 있습니다.

통계는 수학에 의해 기술 통계에서 추측 통계로 발전하였습니다. 거기에 컴퓨터가 합세하여 통계는 날로 업그레이드되어 가고 있습니다.

신문이나 잡지를 보면 많은 통계 숫자가 나옵니다. 하지만 이런 통계들을 조심해서 읽어 보지 않으면 당하는 수가 있습니다.

윤씨 아줌마가 어떤 경우가 있는지 좀 가르쳐 달라고 합니다.

어떤 통계 조사를 살펴보면 오후 3시에서 4시 사이의 교통사고 사망자 수는 새벽 3시부터 4시의 교통사고 사망자 수보다 많습니다. 그렇다면 오후에 운전하는 것보다 이른 새벽에 운전하는 것이 안전하다고 할 수 있을까요?

사망자 수만 두고 따지면 그렇게 보이기도 합니다. 하지만 이 경우 비교 대상이 공정하지 못합니다. 차가 많은 시간에 사고가 많은 것은 당연합니다. 그래서 이 통계 조사는 비교 대상이 되지 않는 것을 비교했다는 문제점을 가지고 있습니다. 즉 똑같은 조건을 가지고 비교를 해야 올바른 비교가 되는 것입니다.

다음은 인과 관계의 오류입니다. 어떤 결과에 대해 원인이 아닌 것을 참된 원인으로 보는 오류입니다. 가령 '담배 피우는 학생들의 성적이 나쁘다'와 같은 경우입니다. 성적이 나쁜 결과가 담배에 있는 것은 아닙니다.

그리고 신문에서 마케팅을 위해 자주 사용하는 오류 기법이 있습니다. 바로 일부 자료를 바탕으로 한 분석입니다. 즉, 자신에게 유리한 부분을 발췌하여 과장하여 나타내는 것입니다. 선거의 경우에 정치인들이 이런 방법으로 상대를 비난하기도 합니다. 예를 들어 특정한 부분의 잘못을 그 사람의 전체인 양 과장하여 공격하는 데 많이 쓰이는 기법입니다.

지금부터 소개할 내용은 토마스 심프슨의 패러독스입니다.

현대에는 우리 주변 대부분의 정보들이 숫자로 나타납니다. 텔레비전, 뉴스, 영화, 광고 같은 매체에서 특정 숫자들을 광고하는 경우가 많습니다. 가령 1분에 몇 개, ○○는 몇 개까지 하는 식으로 말입니다.

이처럼 이런 구체적 숫자를 제시하는 통계 기법은 보고 있는 우리들에게 신뢰감을 갖게 만드는 마력이 있습니다. 더구나 반복해서 노출된다면…….

통계 자료가 어떤 사건에 대한 논리성과 신빙성을 주기도 하지만 부족한 자료나 잘못된 수치들을 통해 왜곡된 이해를 하게 만들기도 합니다. 그래서 우리는 정확한 자료와 통계 기법으로, 제시된 자료와 수치를 정확하게 꿰뚫어 보아야 합니다. 이에 대한 중요성을 언급한 사람은 '큰수의 법칙' 으로 이름난 토마스 심프슨입니다.

그는 어떤 범주 내에서 속성에 대한 통계적 결과의 비율이 실질적으로는 각 범주의 부분에서 그 속성에 대한 비율과 반대 현상으로 나타내기 때문에 일어나는 통계적 오류를 지적하였습니다. 이것을 토머스 심프슨의 패러독스라고 합니다. 윤씨 아줌마는 판매사원들이 내세우는 수치에도 그런 오류가 숨어 있을 것이라고 생각합니다.

시청률 50%라고 하면 우리나라 사람들의 50%라고 얼핏 생각합니다. 하지만 그렇지 않습니다. 텔레비전을 켜고 본 사람들의 50%입니다. 그 50%에는 다음과 같은 함정이 있습니다.

예를 들어 그날따라 텔레비전을 거의 보지 않아 두 명이 텔레비전을 봤다고 극단적으로 생각해 봅시다. 그러면 특정 프로를 한 명만 봐도 그 프로의 시청률은 50%가 되는 셈입니다. 한 명이 본 프로를 자랑하기 위해 시청률 50%를 들먹이다니, 우리는 완전히 속고 있는 셈입니다. 나의 이런 주장에 윤씨 아줌마가 갑자기 흥분하여 외칩니다.

"그렇습니다. 그래서 우리는 수학을 배워야 합니다. 그리고 수학에서 나온 통계를 바로 알아야 합니다. 통계를 가지고 우리에게 장난을 치는 무리들을 몰아냅시다!"

분위기 정말 어색해집니다.

한편, 케틀레라는 사람이 "통계 연구에서 도표로 표현하면 대단히 쉬워진다. 단순한 선 하나로도 일련의 숫자들을 한 눈에 이해하게 만들 수 있다. 그냥 읽자면 제 아무리 치밀한 사람이라도 제대로 파악하고 비교하기 어려울 텐데 말이다. 도표는 마음의 짐을 덜어 준다"라고 길게 말을 했습니다.

아마도 이분은 호흡이 긴 스포츠인 마라톤에 적합한 분인 것 같습니다. 이분을 자세히 알고 싶은 사람은 인터넷 검색창에 케틀레라고 쳐 보세요.

분석을 위한 통계의 표본 자료는 정확한 결과를 얻기 위해 실제로 많은 양의 자료가 있어야 합니다. 그래서 이들을 좀 더 편리하게 알기 위해 표나 그래프를 사용합니다. 하지만 이런 표나 그래프도 제대로 분석하지 못하면 오히려 그래프를 그리는 사람의 의도에 말려들게 될 수도 있습니다. 그래서 표나 그래프를 비롯한 통계에 대해 바로 배워야 이런 함정에 빠지지 않습니다.

그리고 우리에게 잘 알려진 백의의 천사 나이팅게일이 통계학자였다는 사실은 알고 있나요? 윤씨 아줌마, 자신과 비슷한 나이팅게일 이야기가 나오자 눈이 번쩍 뜨입니다.

'백의의 천사' 또는 '등불을 손에 든 여인'이라 칭송 받는 플로렌스 나이팅게일은 크림 전쟁 당시 영국군 야전 병원에서 헌신적으로 간호 활동을 한 인물로 잘 알려져 있습니다. 크림 전쟁이라는 말에 윤씨 아줌마, 크림 너무 맛있겠다고 합니다. 아줌마는 어떻게 무시무시한 전쟁을 맛으로 여기는지 정말 대단합니다. 어제부터 다이어트에 들어간다고 해놓고 벌써 먹을 것만 생각하시니 어쩔 수가 없습니다.

나이팅게일은 사망자 수와 원인에 대한 통계 기록을 가지고 군인들의 생활을 개선시키기 위해 노력하였습니다. 수학을 이용했던 것입니다. 나이팅게일은 모든 결과를 숫자와 통계 도표를 이용하여 보고하곤 했습니다.

지금의 원그래프는 나이팅게일이 가장 먼저 사용하였습니다. 영국군을 위해 통계를 이용한 나이팅게일은 정녕 수학의 백의의 천사이기도 합니다.

윤씨 아줌마가 보이지 않습니다. 앗, 저기 있습니다. 윤씨 아줌마는 지금 저편 빵집에서 크림빵을 먹고 있습니다. 윤씨 아줌마에게는 다이어트란 있을 수 없는 일입니다. 아줌마 혼자 다 먹기 전에 어서 가봐야겠군요. 이번 수업을 마칩니다.

네번째

수업 정리

1 현대인들은 언제부터인가 통계에 대한 믿음을 가지게 되었습니다. 21세기에는 인구 변동은 물론 도덕, 범죄처럼 무질서해 보이는 사회 현상과 자연 현상에도 규칙성을 부여하려는 통계학의 시도가 등장하기 시작했습니다.

2 케틀레라는 사람은 "통계 연구에서 도표로 표현하면 대단히 쉬워진다. 단순한 선 하나로도 일련의 숫자들을 한 눈에 이해하게 만들 수 있다. 그냥 읽자면 제 아무리 치밀한 사람이라도 제대로 파악하고 비교하기 어려울 텐데 말이다. 도표는 마음의 짐을 덜어 준다"라고 말했습니다.

확률변수의 분산과 표준편차는 어떻게 구하는가?

확률변수의 평균, 분산, 표준편차를 구하는 방법을 알아보고, 문제를 통해 계산해 봅니다.

다섯 번째 학습 목표

1. 확률변수에 대한 분산과 표준편차를 구해 봅니다.
2. 평균과 분산, 표준편차의 성질을 알아봅니다.

미리 알면 좋아요

1. 분산 통곗값과 평균의 차이인 편차를 제곱하여 얻은 값들의 산술평균. 분산이 작으면 자료는 평균 주위에 모여 있게 되고, 분산이 크면 평균에서 멀리 떨어진 것이 많게 됩니다.

2. 표준편차 자료의 분산 정도를 나타내는 수치. 분산의 양의 제곱근으로, 표준편차가 작은 것은 평균 주위의 분산의 정도가 작은 것을 나타냅니다.

이제 다시 확률변수에 대한 이야기를 하겠습니다. 윤씨 아줌마의 얼굴에 살짝 두려움이 $\frac{3}{7}$정도 깔립니다.

두 개의 확률변수 X, Y가 있을 때 두 개의 평균이 같다고 해서 확률분포가 같은 것은 아닙니다. 확률분포가 달라도 평균은 같아질 수 있습니다.

다음에 주어진 X, Y의 평균은 서로 같지만 확률분포는 다릅니다. 그래프를 통해 자세히 알아봅시다.

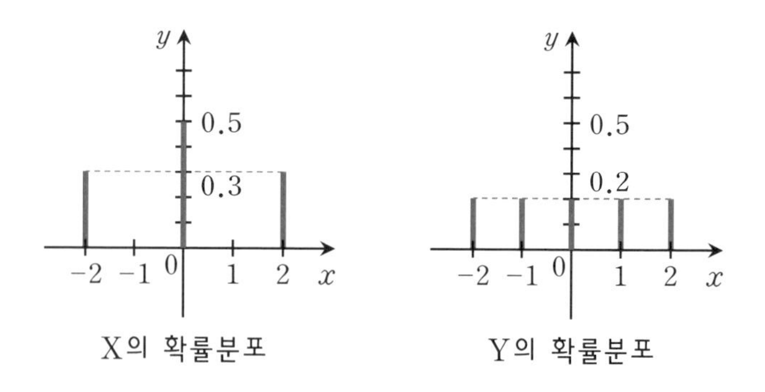

X, Y의 확률분포의 평균을 구해 봅시다. 앞에서 배웠듯이 확률변수와 확률변수의 값을 곱해서 더하면 확률변수 X의 평균값도 0이고 확률변수 Y의 평균값도 0입니다. 똑같이 0이 되니까 평균만으로는 확률분포의 특성을 모두 나타내기 어렵습니다. 도수분포에서 변량의 흩어진 정도를 나타내는 방법으로 분산과 표준편차를 사용한 것처럼 확률분포에서도 확률변수의 흩어진 정도를 나타내기 위하여 분산과 표준편차를 사용합니다.

X	x_1	x_2	$\cdots$	x_i	$\cdots$	x_n	합계
P(X=x)	p_1	p_2	$\cdots$	p_i	$\cdots$	p_n	1

확률변수 X의 확률분포가 위의 표와 같고, 확률변수 X의 평

균 $E(X)=m$이라고 할 때, $(X-m)^2$의 평균, 즉 다음을 확률변수 X의 분산 V(X)라고 합니다.

$$E((X-m)^2)=\sum_{i=1}^{n}(x_i-m)^2p_i$$
$$=(x_1-m)^2p_1+(x_2-m)^2p_2+\cdots$$
$$+(x_n-m)^2p_n$$

또, 분산 $V(X)$의 양의 제곱근 $\sqrt{V(X)}$를 확률변수 X의 표준편차라 하고 기호 $\sigma(X)$ 또는 σ로 나타냅니다.

좀 더 쉽게 말하면 각 변량에서 평균을 뺀 값을 제곱시켜 확률변수의 값들을 곱해 더하면 그게 바로 분산이라는 친구입니다. $V(X)$에서 V는 Variance분산의 첫 글자입니다. 그리고 σ는 standard deviation표준편차의 첫 글자 s에 해당하는 그리스 문자로 '시그마'라고 읽습니다.

이 내용을 공부한 친구들은 참 드물 것입니다. 하지만 이 부분을 본 친구들은 확률변수 X의 분산이 $V(x)=\sum_{i=1}^{n}(x_i-m)^2p_i$

$=\sum_{i=1}^{n} x_i^2 p_i - m^2$ 처럼 두 종류로 표현되는 것을 봤을 것입니다. 윤씨 아줌마, 생전에 본 적이 없다고 합니다. 그러면서 자신은 국어를 잘했기 때문에 문과를 나와서 더더욱 모른다고 합니다. 그래서 나는 말했습니다. 지금 배우는 확률분포는 문과 수학에서 주로 다룬다고요.

분산 $V(X)=\sum_{i=1}^{n} x_i^2 p_i - m^2$=($X^2$의 기댓값)−(X의 평균)^2 $=E(X^2)-\{E(X)\}^2$으로 나타낼 수 있습니다.

복잡하게 보이지요? 좀 더 개념을 잡아 보면 $E((X-m)^2)$은 확률변수 $(X-m)^2$의 평균입니다. 그리고 $E(X^2)$은 확률변수 X^2의 평균입니다.

앞에 E가 붙으면 평균이라는 말입니다. 이E가 붙으면 무조건 평균이라고 하니까 윤씨 아줌마가 이빨은 빨의 평균인지 나에게 물어옵니다. 농담치고는 지독하게 재미없는 농담입니다. 그럼 이 쑤시개는 쑤시개의 평균입니까? 내가 이렇게 다그치자 윤씨 아줌마, '이럴 수가' 라고 합니다. 아줌마는 이럴 수가 역시 럴 수가의 평균이라고 생각하는 것은 아닌지…….

이제 학생들이 제일 싫어하는 증명을 하는 시간이 돌아왔습니다. 그 대상이 분산입니다.

$$V(X)=E((X-m)^2)=E(X^2)-\{E(X)\}^2$$

분산은 위 식처럼 두 가지 방법으로 변덕을 부립니다. 앞의 것은 변량에서 평균을 빼서 제곱하니까 그 의미를 잘 알겠는데 뒤의 것은 이해하기가 좀 힘듭니다. 그런데 일단 두 식이 같다고 등호가 붙어 있으니까 정말 같아지는지 알아보도록 합니다. 그 방법이 바로 증명이라는 것입니다. 증명 들어갑니다.

$$V(X)=\sum_{i=1}^{n}(x_i-m)^2 p_i$$

이게 바로 변량에서 평균을 빼고 제곱하여 확률변수의 값을 곱한 것입니다. m은 평균을 나타냅니다. p_i가 나타내는 것이 바로 확률변수의 값입니다.

우와! 해석하는 것만 해도 우리를 바짝 긴장하게 만들지요. 기호가 만만하지 않음을 느끼며 다음 식을 해독해 나갑니다.

$$\sum_{i=1}^{n}(x_i-m)^2 p_i=\sum_{i=1}^{n}(x_i^2-2mx_i+m^2)p_i$$

앗! 갑자기 이렇게 변신을 했습니다. 다른 것은 그대로 있는데 $(x_i-m)^2=(x_i^2-2mx_i+m^2)$으로 바뀐 것은 완전제곱식의 전개식을 이용한 것입니다. 그렇습니다. $(a-b)^2=a^2-2ab+b^2$으로 바뀌는 것과 같습니다.

다음은 시그마Σ가 분배법칙을 하는 장면이 연출될 것입니다. 분배라는 것은 말 그대로 골고루 곱해주는 것을 말합니다.

$$\sum_{i=1}^{n}(x_i^2-2mx_i+m^2)p_i=\sum_{i=1}^{n}x_i^2p_i-2m\sum_{i=1}^{n}x_ip_i+m^2\sum_{i=1}^{n}p_i$$

여기서 보면 Σ시그마가 세 군데 분배되어 들어간 것은 알겠는데 왜 $2m$과 m^2을 시그마 앞으로 빼낸 것일까요? 그것은 시그마의 속성 때문입니다. 우리 아이들이 밥에서 콩을 빼내고 먹듯이 시그마 역시 자신이 좋아하는 변수 x와 p만을 취하고 상수에 해당되는 m 같은 것은 앞으로 빼내어 버립니다.

$$\sum_{i=1}^{n}x_i^2p_i-2m\sum_{i=1}^{n}x_ip_i+m^2\sum_{i=1}^{n}p_i$$

자, 여기까지 풀이를 해석했습니다. 이제 100% 교체 작업을

할 것입니다. 기름때가 묻을 수 있으므로 장갑을 준비해 주세요. 시그마를 떼고 다른 것을 대체하여 붙일 것이기 때문입니다. 교체할 물건을 보여 주겠습니다.

$\sum_{i=1}^{n} x_i^2 p_i = \mathrm{E}(\mathrm{X}^2)$ 물건 소개 : $\mathrm{E}(\mathrm{X}^2)$은 변량의 제곱의 평균이라는 것입니다. 시그마로는 $\sum_{i=1}^{n} x_i^2 p_i$로 표현됩니다.

$\sum_{i=1}^{n} x_i p_i = m = \mathrm{E}(\mathrm{X})$ 물건 소개 : 이 제품은 우리가 앞에서 봐 온 변량으로 만든 기댓값 또는 평균입니다.

$\sum_{i=1}^{n} p_i = 1$ 물건 소개 : 엄청 싸고 간단한 물건, 확률변수의 총합은 1이 된다는 것을 기호로 나타낸 것입니다.

$$\sum_{i=1}^{n} x_i^2 p_i - 2m \sum_{i=1}^{n} x_i p_i + m^2 \sum_{i=1}^{n} p_i$$

이제 정신을 바짝 차리고 수술 들어갑니다. 바로 밑과 비교해서 보세요.

$$\mathrm{E}(\mathrm{X}^2) - 2m \cdot m + m^2$$

위에 설명된 제품으로 상품들을 교체한 모습입니다. 글로만 표현하기 힘든 부분이므로 우리 학생들이 찬찬히 아래위를 대조하여 살펴보세요. 딱딱 맞아 떨어질 것입니다. 하지만 변신은 여기서 끝난 것이 아닙니다. 더 계산해야 합니다.

$$E(X^2)-2m^2+m^2$$
$$=E(X^2)-m^2 \quad E(X)=m,\ \{E(X)\}^2=m^2$$
$$=E(X^2)-\{E(X)\}^2$$

그래서 $V(X)=E(X^2)-\{E(X)\}^2$이 됩니다. 그럼 이제 다음 확률분포표에서 분산과 표준편차를 앞의 두 가지 방법으로 구해 보도록 합니다.

X	1	3	5	7	합계
$P(X=x)$	$\frac{1}{6}$	$\frac{2}{6}$	$\frac{2}{6}$	$\frac{1}{6}$	1

아래위로 곱해서 더하면 그게 평균입니다.

$$1\times\frac{1}{6}+3\times\frac{2}{6}+5\times\frac{2}{6}+7\times\frac{1}{6}=\frac{1}{6}+\frac{6}{6}+\frac{10}{6}+\frac{7}{6}=4$$

평균을 알고 난 후 우리는 두 가지 방법에 의하여 분산과 표준편차를 알아낼 수 있습니다.

다음은 그 첫 번째 방법입니다.

X	1	3	5	7	합계
$P(X=x)$	$\frac{1}{6}$	$\frac{2}{6}$	$\frac{2}{6}$	$\frac{1}{6}$	1
$X-m$	-3	-1	1	3	0
$(X-m)^2$	9	1	1	9	
$(X-m)^2p_i$	$\frac{9}{6}$	$\frac{2}{6}$	$\frac{2}{6}$	$\frac{9}{6}$	

$$V(X)=E((X-m)^2)=\sum_{i=1}^{n}(x_i-m)^2p_i$$

$$=\frac{9}{6}+\frac{2}{6}+\frac{2}{6}+\frac{9}{6}=\frac{11}{3}$$

$$\sigma(X)=\sqrt{\frac{11}{3}}$$

이제 두 번째 방법으로 분산과 표준편차를 찾아보도록 하겠습니다.

X	1	3	5	7	합계
$P(X=x)$	$\frac{1}{6}$	$\frac{2}{6}$	$\frac{2}{6}$	$\frac{1}{6}$	1
X^2	1	9	25	49	
X^2p_i	$\frac{1}{6}$	$\frac{18}{6}$	$\frac{50}{6}$	$\frac{49}{6}$	

$$V(X)=E(X^2)-\{E(X)\}^2=\sum_{i=1}^{n} x_i^2p_i-m^2$$
$$=\frac{1}{6}+\frac{18}{6}+\frac{50}{6}+\frac{49}{6}-4^2$$
$$=\frac{118}{6}-16=\frac{11}{3}$$
$$\sigma(X)=\sqrt{\frac{11}{3}}$$

위에서처럼 두 가지 방법으로 분산을 구하는 것은 이해가 될 듯합니다. 그런데 아직 분산의 맛이 나는 문제는 아닌 것 같지요. 그래서 분산의 향을 양껏 살린 문제를 하나만 더 풀어 보도록 합니다.

문제1

100원짜리 동전 두 개를 던져서 앞면이 나오면 그 동전을 받는다고 합니다. 이때, 받는 금액 X의 분산을 구하시오.

평균 E(X)와 분산 V(X)를 구해 보겠습니다.

X	0	100	200	합계
P(X)	$\frac{1}{4}$	$\frac{2}{4}$	$\frac{1}{4}$	1

$$E(X)=100\times\frac{1}{2}+200\times\frac{1}{4}=100\text{원}$$

$$V(X)=E(X^2)-\{E(X)\}^2$$

$$=0^2\times\frac{1}{4}+100^2\times\frac{1}{2}+200^2\times\frac{1}{4}-100^2$$

$$=5000$$

X는 0원, 100원, 200원 중 하나입니다.

이 탄력 그대로 달려봅니다. 확률변수 $aX+b$의 평균과 표준편차를 어떻게 구하는지 알아보겠습니다. 느낌 그대로 살려 들어갑니다.

확률변수 X의 확률분포가 아래와 같을 때, X의 평균 $E(X)m$와 분산 $V(X)$를 다음과 같이 구할 수 있습니다.

X	x_1	x_2	$\cdots$	x_n	합계
P(X)	p_1	p_2	$\cdots$	p_n	1

$$E(X)=m=\sum_{i=1}^{n} x_i p_i$$

$$V(X)=E((X-m)^2)=\sum_{i=1}^{n} (x_i-m)^2 p_i$$

여기까지 알고 있는 상태에서 확률변수 $aX+b$의 평균과 표준편차를 구할 수 있습니다. 이때, X의 일차식 $aX+b$는 ax_1+b, ax_2+b, …, ax_n+b의 값을 갖는 확률변수입니다. 변수들도 똑같은 모습으로 따라 변하면 됩니다.

$aX+b$	ax_1+b	ax_2+b	…	ax_n+b	합계
$P(aX+b)$	p_1	p_2	…	p_n	1

일단 비싸지 않은 도구, 표를 이용하여 나타냈습니다. 여기서, 확률변수 $aX+b$의 평균과 분산을 구해 보도록 하겠습니다. 들어가기 전에 확률변수 $aX+b$의 평균은 $E(aX+b)$이고 분산은 $V(aX+b)$라고 기억해 둡니다.

이제는 좀 복잡한 식으로 전개시켜 보도록 합니다.

$$E(aX+b)=(ax_1+b)p_1+(ax_2+b)p_2+\cdots+(ax_n+b)p_n$$

상당히 무섭게 보이는 식이지만 표의 아래위를 곱해서 더한 모습입니다. 그게 평균이니까요.

$(ax_1+b)p_1+(ax_2+b)p_2+\cdots+(ax_n+b)p_n$에서 괄호 밖에 있는 p를 괄호 안으로 곱해 전개합니다. 거기서 다시 a와 b를 빼내서 정리하면 다음과 같습니다.

$$a(x_1p_1+x_2p_2+\cdots+x_np_n)+b(p_1+p_2+\cdots+p_n)$$

앗! 이때 뭐가 보이는 친구들이 있을 겁니다. 안 보인다고요? 허허, 정신을 집중해 보세요.

$(x_1p_1+x_2p_2+\cdots+x_np_n)$ 이것을 줄이는 방법이 있습니다. 바로 $\mathrm{E(X)}$입니다. 그리고 $(p_1+p_2+\cdots+p_n)$은 확률분포값의 총합으로 1이 됩니다. 즉, $p_1+p_2+\cdots+p_n=1$입니다.

그래서 $a(x_1p_1+x_2p_2+\cdots+x_np_n)+b(p_1+p_2+\cdots+p_n)=a\mathrm{E(X)}+b$가 되는 것입니다. 즉, $\mathrm{E}(a\mathrm{X}+b)=a\mathrm{E(X)}+b$입니다.

이제 분산 $\mathrm{V}(a\mathrm{X}+b)$에 대해 알아봅니다.

분산이란 변량에서 평균을 뺀 다음 제곱한 것의 평균 또는 기댓값을 구하면 됩니다. 분산의 정의를 생각하며 정리된 식을 보세요.

$$\begin{aligned} V(aX+b) &= \sum_{i=1}^{n} \{(ax_i+b)-(am+b)\}^2 p_i \\ &= \sum_{i=1}^{n} \{a(x_i-m)\}^2 p_i \\ &= a^2 \sum_{i=1}^{n} (x_i-m)^2 p_i \\ &= a^2 V(X) \end{aligned}$$

일단 첫 번째 줄에서 두 번째 줄로의 변신에 대한 이야기를 해 보겠습니다.

이것은 가장 안쪽에 있는 괄호 안을 계산하여 정리한 것에 불과합니다. 기호가 많아서 어려워 보일 뿐입니다.

$ax_i+b-am-b$에서 마이너스$(-)$가 분배된 후 $+b$와 $-b$가 충돌하여 대폭발을 일으킨 후 사라집니다. 그래서 ax_i-am이 남아 평화가 찾아오는 듯 하다가 다시 각 항에 있던 a를 잡아갑니다.

$a(x_i-m)$까지 계산한 후 전체 그림을 보면, $\sum_{i=1}^{n} (a(x_i-m))^2 p_i$이지요. 이 상태에서 다시 시그마의 성질이 적용됩니다. 한마디로 $\sum$시그마가 한성깔한다는 소리입니다. 자기가 다룰 수 있는 변수가 아니면 시그마 앞으로 빼 버리는 성깔이지요.

여기서 a는 변수가 아닙니다. 변수가 되려면 i를 데리고 있어야 합니다. x와 p는 자신의 아랫부분에 i를 하나씩 지니고 있지요. 그래서 앞으로 뺄 수 없습니다. 그런데 m도 i가 없다고요. 하지만 m은 x_i랑 사귀고 있습니다. 서로 $-$뺄셈관계로 말입니다. 아! 억울한 a만 앞으로 빼내 버리는군요. 하지만 a도 그냥 당하고만 있지 않습니다. 화를 내며 밖으로 뛰쳐나가 a^2이 되었습니다. 이건 어떻게 된 것일까요? 하하하!

그건 말입니다. a가 나가면서 괄호 밖 제곱의 영향을 받고 나가 버렸기 때문입니다. $\sum_{i=1}^{n} \{a(x_i - m)\}^2 p_i$ 식에서 제곱의 영향을 받는 장면을 보여 주겠습니다. $\{a(x_i - m)\}^2 = a^2(x_i - m)^2$으로 바뀔 수 있습니다. 그 이유는 바로 지수법칙에 있습니다. $(ab)^2 = a^2b^2$으로 만들 수 있기 때문입니다.

그리하여 $a^2 \sum_{i=1}^{n} (x_i - m)^2 p_i$의 모습이 탄생했습니다. 그런데 이 아이의 모습에서 발견되는 유전자의 특성이 보입니다. 여러분은 유전자의 특성을 발견했나요?

$\sum_{i=1}^{n} (x_i - m)^2 p_i$ 이 유전자가 바로 V(X)입니다. 분산이지요. 앞에서 배운 내용을 잘 생각해 보세요. 변량에서 평균을 빼고 제곱하여 확률변수의 값을 곱한 다음 시그마, 즉 더한 값이 바로 분산 아닙니까?

즉 $a^2 \sum_{i=1}^{n} (x_i - m)^2 p_i = a^2 \mathrm{V}(\mathrm{X})$가 될 수 있는 것입니다.

무척 힘들지만 분산이 나온 상태에서 표준편차를 안 다룰 수는 없습니다. 크게 생각하여 표준편차는 $\sqrt{(분산)}$으로 보면 됩니다.

$$\sigma(a\mathrm{X}+b) = \sqrt{a^2 \mathrm{V}(\mathrm{X})} = |a|\sqrt{\mathrm{V}(\mathrm{X})} = |a|\sigma(\mathrm{X})$$

두 번째에서 세 번째로 넘어가는 장면에서 이해가 좀 안되지요. 좀 더 정확한 이해를 돕기 위해 천천히 다시 봅니다.

$$\sqrt{a^2 \mathrm{V}(\mathrm{X})} = \sqrt{a^2}\sqrt{\mathrm{V}(\mathrm{X})}$$

제곱근의 성질을 이용하여 루트$\sqrt{\ }$ 안을 두 부분으로 나눌 수 있습니다. 중학교 3학년 때 배우지만 $\sqrt{a^2} = |a|$가 성립됩니다. 그래서 $|a|\sqrt{\mathrm{V}(\mathrm{X})}$가 되었고 여기서 다시 한 차례 변신을 시도합니다. 표준편차는 $\sqrt{(분산)}$이므로 $\sqrt{\mathrm{V}(\mathrm{X})} = \sigma(\mathrm{X})$이고 따라서 $|a|\sigma(\mathrm{X})$가 나옵니다.

이제 마무리 정리를 하고 이번 수업을 마치겠습니다.

중요 포인트

$aX+b$의 평균과 표준편차

확률변수 X와 임의의 상수 a, b에 대하여,

$E(aX+b)=aE(X)+b$

$V(aX+b)=a^2V(X)$

$\sigma(aX+b)=|a|\sigma(X)$

$aX+b$의 분산은 b로부터는 영향을 받지 않습니다. 왜냐하면 분산은 흩어진 정도를 나타내는 수이니까요. 모든 수에 '$+b$'를 해주면, 전체 자료의 흩어진 정도에는 변화가 없습니다.

대단히 수고했습니다. 다음 교시에 밝은 표정으로 만나요.

다섯번째 수업 정리

1 확률변수 X의 평균 $E(X)=m$이라고 할 때, $(X-m)^2$의 평균, 즉

$$E((X-m)^2)=\sum_{i=1}^{n}(x_i-m)^2p_i$$
$$=(x_1-m)^2p_1+(x_2-m)^2p_2+\cdots+(x_n-m)^2p_n$$

을 확률변수 X의 분산 $V(X)$라고 합니다. 또, 분산 $V(X)$의 양의 제곱근 $\sqrt{V(X)}$를 확률변수 X의 표준편차라 하고 기호 $\sigma(X)$ 또는 σ로 나타냅니다.

2 $V(X)=E((X-m)^2)=E(X^2)-\{E(X)\}^2$

3 $E(X)=m=\sum_{i=1}^{n}x_ip_i$

$V(X)=E((X-m)^2)=\sum_{i=1}^{n}(x_i-m)^2p_i$

4 $V(aX+b)=\sum_{i=1}^{n}\{(ax_i+b)-(am+b)\}^2p_i$

$$=\sum_{i=1}^{n}\{a(x_i-m)\}^2p_i$$

$$=a^2\sum_{i=1}^{n}(x_i-m)^2p_i$$

$$=a^2\,\mathrm{V}(\mathrm{X})$$

❺ $\sigma(a\mathrm{X}+b)=\sqrt{a^2\,\mathrm{V}(\mathrm{X})}=|a|\sqrt{\mathrm{V}(\mathrm{X})}=|a|\sigma(\mathrm{X})$

이항분포와 독립시행

이항분포, 독립시행의 의미를 이해하고 주사위 던지기와 이항정리 공식의 관계를 알아봅니다.

여섯 번째 학습 목표

1. 독립시행이 무엇인지 알아봅니다.
2. 조합에 대해 배웁니다.
3. 이항정리에 대해 알아봅니다.
4. 이항분포에 대해 알아봅니다.

미리 알면 좋아요

1. **독립시행** 주사위를 거듭 던질 때처럼 각 시행 사이에 아무런 종속 관계가 없으며 각 사건이 일어나는 확률이 어떤 시행에 있어서나 같은 경우, 그 각각의 시행을 이르는 말

2. **이항분포** 어떤 시행에서 사건이 일어날 확률을 p, 일어나지 않을 확률을 q라고 할 때, 확률변수에 대응하는 각각의 확률이 $(p+q)^n$ 전개식의 각 항으로 되어 있는 확률분포. 통계학에서 모집단이 가지는 이상적인 분포형의 하나입니다.

3. **조합**콤비네이션 제시된 대상에서 순서를 생각하지 않고 그 일부를 뽑는 방법

4. **이항정리** 이항식의 거듭제곱을 전개하는 법을 보이는 공식

“윤씨 아줌마, 오늘 컨디션 어떠세요? 공부할 만합니까?”라고 묻자 아줌마는 컨디션이 아주 나쁘다고 합니다. 하하. 하지만 컨디션이 나쁘다고 해야 할 공부를 미룰 수는 없습니다. 자, 열심히 해 봅시다.

이산확률분포에서 자주 나오는 독립시행의 경우는 이항분포가 됩니다. 참, 미안해요. 이항분포에 대한 이야기를 먼저 해야겠습니다. 다들 이항분포가 뭔지 모르지요? 이항분포는 시행의 결과가 '앞면과 뒷면', '일어난다와 일어나지 않는다' 등과 같이 두 개의 항으로 구분되는 시행에서 얻어진 분포라는 뜻입니다. '죽었다와 살았다' 와 같이 두 개의 항 말입니다. 그리고 위 문장에서 독립시행의 경우 이항분포가 된다고 했는데 독립시행이란 무슨 뜻일까요?

주사위를 여러 번 반복해 던진다고 합시다. 매번 던질 때마다 각 눈의 수가 나올 확률은 $\frac{1}{6}$로 같습니다. 즉, 주사위를 한 번 던졌을 때 2의 눈이 나왔다는 사실은 다음번에 주사위를 던졌을 때 나오는 눈에 아무런 영향을 끼치지 않는다는 말입니다.

이처럼 어떤 시행을 계속할 때, 각 시행의 결과가 이전 시행의 결과로부터 아무런 영향을 받지 않는 시행을 독립시행이라고 합니다. 예를 들면 주사위나 동전을 반복해서 던지는 것, 통 속에서 제비를 뽑아 보고 다시 제비를 통속에 넣어 다시 뽑는 것 등은 독립시행이라고 할 수 있습니다. 이렇게 독립시행의 뜻을 안 상태에서 이항분포의 뜻에 대해 알아보도록 하겠습니다.

나는 윤씨 아줌마에게 주사위를 세 번 던지라고 했습니다. 이때, 6의 눈이 나오는 횟수를 X라 하면 X는 0, 1, 2, 3 중에서 어느 하나의 값을 가지는 이산확률변수가 될 것입니다. 0은 한 번도 6이 안 나오는 것이고 3은 신기하게 모두 6이 나오는 경우를 말합니다.

이때, 1회의 시행에서 6의 눈이 나올 확률은 $\frac{1}{6}$입니다. 6이 나오지 않을 확률은 전체 1에서 $\frac{1}{6}$을 뺍니다. 식으로는 $1-\frac{1}{6}=\frac{5}{6}$입니다.

독립시행의 확률의 성질을 이용하면 다음과 같은 확률들을 구할 수 있습니다.

$$P(X=0)={}_3C_0\left(\frac{1}{6}\right)^0\left(\frac{5}{6}\right)^3$$

위 식이 만들어지는 과정을 설명하지요. 이것은 일단 6의 눈이 안 나오는 경우입니다. ${}_3C_0$은 '3 콤비네이션 0' 이라고 읽습니다. 3개 중에 0개를 뽑는, 즉 못 뽑는 경우입니다. C는 영어로는 콤비네이션이고 우리말, 아니 엄밀히 말해 한자어로는 조합입니다.

순서에 관계없이 뽑는 것을 조합이라고 합니다. 일반적으로, 서로 다른 n개에서 r개를 뽑는 것을 n개에서 r개를 택한 조합이라고 합니다. 이때 조합의 수는 다음과 같은 기호로 나타냅니다.

$${}_nC_r$$

이런 조합은 뭔가를 뽑아낼 때 많이 적용합니다. 앞에서도 6이 나올 확률을 뽑아냈다고 보면 됩니다. 다시 설명하면 ${}_3C_0$은 3개 중에 하나도 못 뽑았다는 뜻입니다.

이제 전체적으로 해석을 해 보면 ${}_3C_0\left(\frac{1}{6}\right)^0\left(\frac{5}{6}\right)^3$에서 $\frac{1}{6}$6을 뽑는 확률은 못 뽑아서 0제곱이고 $\frac{5}{6}$6을 뽑지 않을 확률는 세 개를 뽑으니 $\left(\frac{5}{6}\right)^3$이 되는 것입니다.

이렇게 생각을 정리하고 다음 식을 보면 그것이 어렵지 않게 해독될 것입니다.

$$P(X=1)={}_3C_1\left(\frac{1}{6}\right)^1\left(\frac{5}{6}\right)^2$$

$$P(X=2)={}_3C_2\left(\frac{1}{6}\right)^2\left(\frac{5}{6}\right)^1$$

$$P(X=3)={}_3C_3\left(\frac{1}{6}\right)^3\left(\frac{5}{6}\right)^0$$

${}_nC_r$을 다시 봅시다. 이것은 n개 중에서 r개를 뽑는다는 것입니다. 뽑는 것을 기준으로 다른 것과의 관계를 잘 생각하여야 합니다. 따라서 다음과 같이 나타낼 수 있습니다.

$$P(X=x)={}_3C_x\left(\frac{1}{6}\right)^x\left(\frac{5}{6}\right)^{3-x}\ (x=0,\ 1,\ 2,\ 3)$$

X의 확률분포를 표로 나타내면 다음과 같습니다.

X	0	1	2	3	합계
P(X=x)	${}_3C_0\left(\frac{1}{6}\right)^0\left(\frac{5}{6}\right)^3$	${}_3C_1\left(\frac{1}{6}\right)^1\left(\frac{5}{6}\right)^2$	${}_3C_2\left(\frac{1}{6}\right)^2\left(\frac{5}{6}\right)^1$	${}_3C_3\left(\frac{1}{6}\right)^3\left(\frac{5}{6}\right)^0$	1

일반적으로 1회의 시행에서 사건 A가 일어날 확률을 p, 일어나지 않을 확률을 $q(=1-p)$라고 할 때, n회의 독립시행에서 그 사건 A가 일어날 횟수를 X라고 하면 X는 0, 1, 2, …, n 중 한 값을 취하는 확률변수입니다.

윤씨 아줌마, 이제 P피가 나올 거니까 잘 지켜보세요. n회의 독립시행에서 사건 A가 k번 일어날 확률은 다음과 같습니다.

$$P(X=k)={}_nC_kp^kq^{n-k}={}_nC_kp^k(1-p)^{n-k}$$

(단, $k=0, 1, 2, \cdots, n$)

따라서 X의 확률분포는 다음과 같이 지긋지긋한 알파벳을 사용하여 나타냅니다. 어렵지만 우리가 극복해야 할 것입니다. 우리가 수학에 맞추어야 수학이 정복되지 수학은 결코 우리에게 맞추어 주지 않습니다. 뭔가를 정복한다는 것은 그만큼의 노력이 따르는 것입니다. 자, 힘을 내고 즐겁게 들어가 봅니다. 표 나게 표 주세요.

X	0	1	2	…	n	총합
$P(X=x)$	${}_nC_0p^0q^n$	${}_nC_1p^1q^{n-1}$	${}_nC_2p^2q^{n-2}$	…	${}_nC_np^nq^0$	1

위 표에서 n은 수이고 p와 q는 분수를 나타낼 거라고 생각하면 됩니다. 자꾸 어렵다어렵다 한다고 해결되는 것이 아닙니다. 천천히 자신감을 가지고 해보면 이 어려움도 극복됩니다. 천재와

바보의 차이는 노력의 차이라고 누가 말했습니다. 그 사람은 왜 그런 소리를 해가지고 우리를 고생시키냐고요? 하하. 내가 잘 설명할 테니 따라오세요.

위 확률분포표에서 나타나는 각 확률들은 이항정리에 의하여 $(p+q)^n$을 전개한 식

$$(p+q)^n = {}_nC_0 p^0 q^n + {}_nC_1 p^1 q^{n-1} + \cdots + {}_nC_k p^k q^{n-k} + \cdots + {}_nC_n p^n q^0$$

과 같음을 알 수 있습니다. 윤씨 아줌마가 나에게 항의를 합니다. '이항정리랑 같다고 했는데 우리는 이항정리를 모른다. 그러니 이항정리와 비교한 베르누이는 각성하라, 각성하라' 고 합니다. 그래서 나는 미안한 마음에 각성제를 의사의 처방을 받아 약국에서 사먹고 이항정리를 설명하겠습니다.

▨이항정리

다음 식을 전개해 봅니다.

$$(a+b)^2=(a+b)(a+b)$$
$$=a^2+ab+ba+b^2$$
$$=a^2+2ab+b^2$$

그렇습니다. 이것은 앞에서 배운 곱셈공식의 전개입니다. 윤씨 아줌마, 곱셈공식에 대해 설명하라 설명하라 하면서 단식 투쟁에 들어가겠다고 합니다. 그래서 나는 점심에 자장면을 사주겠다고 하니 바로 알겠다면서 즐거워합니다. 곱셈공식에 대한 설명은 우리 수학자 시리즈를 참고하면 됩니다.

전개한 과정을 살펴보면, $(a+b)^2$은 $(a+b)$를 두 번 곱한 것입니다. $(a+b)(a+b)$를 전개할 때 첫 번째 괄호 안에서 a나 b를 선택하고선택한다는 것은 콤비네이션, 즉 조합입니다. 두 번째 괄호에서 a, b 중 하나를 택하여 둘을 곱합니다. 이때, a를 두 번 선택하면 a^2이 되고 a와 b를 한 번씩 택하여 곱하면 ab 항이 만들어집니다. 또, b를 두 번 선택하여 곱하면 b^2 항이 만들어지는 것이지요.

이항정리는 두 항의 합을 여러 번 제곱한 식을 조합의 수를 이용해 전개한 것을 말합니다. 이처럼 두 개의 항을 가지고 어떻게 선택할까 고민하는 것을 이항정리입니다. 너무 많이 돌아온 것 같습니다. 이제 원래의 문제로 돌아가 보도록 합니다.

그러므로 확률분포표에서 나타나는 각 확률들은 이항정리에 의하여 $(p+q)^n$ 을 전개한 식 $(p+q)^n={}_n\mathrm{C}_0p^0q^n+{}_n\mathrm{C}_1p^1q^{n-1}+\cdots+{}_n\mathrm{C}_kp^kq^{n-k}+\cdots+{}_n\mathrm{C}_np^nq^0$과 같다는 말입니다.

그래도 힘들어하는 윤씨 아줌마를 위해서 p를 뽑는 것과 q를 뽑는 것을 이항정리처럼 정리해 보지요. ${}_{n}C_{1}p^{1}q^{n-1}$을 예로 들어 보겠습니다. p의 1제곱은 p를 한 개 뽑는다는 뜻이고, q^{n-1} q의 $n-1$제곱은 q를 $n-1$개 뽑는다는 뜻입니다.

이와 같은 확률분포를 이항2개의 항분포라 하고, 기호는 다음과 같습니다.

$$B(n, p)$$

여기서 n은 시행 횟수몇 번 던진 행위 같은 것이고, p는 1회 시행에서 사건 A가 일어날 확률입니다. 이 때, X는 이항분포 $B(n, p)$를 따른다고 합니다. 확률분포여, 나를 따르라! 독립시행을 위해서 말입니다.

독립시행의 확률로 주어진 확률분포를 이항분포라고 합니다. 독립시행은 어떤 시행을 계속할 때, 각 시행의 결과가 이전 시행의 결과로부터 아무런 영향을 받지 않는 시행이라고 앞에서 공부했죠. 마치 3.1운동을 지휘하는 독립투사가 조국의 독립을 위해 타민족의 영향을 받지 않으려는 자존심을 보는 듯합니다. 대한 독립 만세!

$B(n, p)$에서 B는 Binomial distribution이항분포의 첫 글자입니다. 여러분들의 이해를 좀 더 돕기 위해서 예를 들어 설명해 주겠습니다. 한 개의 주사위를 세 번 던질 때, 5의 눈이 나오는 횟수를 확률변수 X라 하면 $n=3$, $p=\frac{1}{6}$이므로 X는 이항분포 $B\left(3, \frac{1}{6}\right)$을 따른다고 합니다. 별거 아니지요. 주사위를 던지는 행위가 바로 독립시행이 되는 것입니다.

앞에서 윤씨 아줌마도 덩달아 p를 너무 뽑았나 봅니다. 몹시 지쳐있습니다. 뽑는 것은 C콤비네이션입니다. 그리고 p는 확률입니다. 윤씨 아줌마가 어디서 p를 뽑았냐고요. 헌혈 버스가 아니라 이항정리할 때 n번째까지 일일이 뽑았잖아요. 무슨 말인지 이해가 가지 않는 학생은 앞쪽으로 다시 돌아가서 이항정리와 이항분포를 보면서 다시 그 의미를 되새겨 보세요. 다음 교시에서 만납시다.

여섯번째 수업 정리

1. 어떤 시행을 계속할 때, 각 시행의 결과가 이전 시행의 결과로부터 아무런 영향을 받지 않는 시행을 독립시행이라고 합니다.

2. 조합이란 순서에 관계없이 뽑는 것을 말합니다. 일반적으로, 서로 다른 n개에서 r개를 뽑는 것을 n개에서 r개를 택한 조합이라고 하고, 이때 이 조합의 수는 다음과 같은 기호로 나타냅니다.

$$ {}_{n}\mathrm{C}_{r} $$

3. 일반적으로 1회의 시행에서 사건 A가 일어날 확률을 p, 일어나지 않을 확률을 $q(=1-p)$라고 할 때, n회의 독립시행에서 그 사건 A가 일어날 횟수를 X라고 하면 X는 0, 1, 2, …, n 중 하나의 값을 취하는 확률변수입니다.

❹ 확률분포표에서 나타나는 각 확률들은 이항정리에 의하여 $(p+q)^n$ 을 전개한 식과 같습니다.

$$(p+q)^n = {}_n\mathrm{C}_0 p^0 q^n + {}_n\mathrm{C}_1 p^1 q^{n-1} + \cdots + {}_n\mathrm{C}_k p^k q^{n-k} + \cdots + {}_n\mathrm{C}_n p^n q^0$$

이항분포의 평균과 표준편차

이항분포의 평균, 표준편차, 분산을 구하는 공식을 유도해 봅니다.

일곱 번째 학습 목표

1. 이항분포에서 평균을 구해 봅니다.
2. 이항분포에서 표준편차를 구해 봅니다.
3. 이항분포에서 분산을 구해 봅니다.

미리 알면 좋아요

1. 완전제곱식 어떤 정식의 제곱으로 표현되는 식

2. 인수분해 정수 또는 정식을 몇 개의 간단한 인수의 곱의 꼴로 바꾸어 나타내는 일

오늘은 이항분포의 평균과 표준편차에 대해 공부하겠습니다. 윤씨 아줌마가 이항분포면 확률 p는 나오지 않을 것 같으니 이번 교시는 좀 쉬어도 되냐고 물어옵니다. 아줌마, 뭐 그런 섭섭한 소리를 하세요. 앞에서 이항분포는 $\mathrm{B}(n, p)$로 나타낸다고 했잖아요. 여기에서 p가 바로 확률 p를 나타내는데 쉬기는 왜 쉬어요. 저와 같이 학생들에게 이항분포의 평균과 표준편차를 가르치려면 최선을 다해 p를 뽑아야지요.

한 번의 시행에서 사건 A가 일어날 확률이 p인 시행을 3회 반복할 때, 사건 A가 일어날 횟수를 X라 하면 확률변수 X는 이항분포 $\mathrm{B}(3, p)$를 따릅니다. 이때, X의 확률분포표를 이용하여 평균과 표준편차를 구해 보겠습니다.

표를 그리기에 앞서 머릿속에 다음과 같은 개념을 심어 주세요.

시행 : $n=3$
사건 : $\mathrm{X}=x$
p, q : ${}_n\mathrm{C}_x p^x q^{n-x}$

물론 이 내용을 머릿속에 잘 심어두기란 쉽지가 않습니다. 하지만 연필을 쥐고 찬찬히 훑어보며 여러 번 반복해서 써 보세요. 마치 독립시행처럼 한 번 한 번에 온 정성을 다해서 말입니다.

그럼 그것이 $\mathrm{B}\left(27, \frac{1}{27}\right)$라는 이항분포를 따를 것입니다. 왜 27이냐고요? 시행 횟수가 27이 될 때 처음 보는 단어나 기호가 완전히 자기 것이 된다고 합니다. 뇌의 기능에 보면 그런 말이 있습니다. 물론 100% 자신 있게 하는 말은 아닙니다.

그럼, 위 내용이 머릿속에 저장된 상태에서 다음에 주어진 확률분포표를 보도록 하겠습니다.

X	0	1	2	3	합계
P(X=x)	q^3	$3pq^2$	$3p^2q$	p^3	1

위 표의 작성 기준은 이항분포 B$(3, p)$를 따른 것입니다. 위에 나온 0, 1, 2, 3이라는 수는 p가 안 나올 경우와 1번, 2번, 3번 나올 경우를 표시한 것이고요. 아랫줄에는 그것을 확률변수의 값으로 표시한 것입니다.

확률변수의 값에는 언제나 윤씨 아줌마가 좋아하는 p가 등장합니다. 윤씨 아줌마처럼 p를 좋아하는 이빨이 툭 튀어나온 드라큘라도 있습니다. 윤씨 아줌마는 가득이나 피가 부족한 우리나라에 만약에 드라큘라가 들어온다면 가만두지 않겠다고 합니다. 아마 그래서 한국에는 드라큘라가 없나봅니다. 갑자기 한국에도 구미호가 있잖아요 하는 학생들이 있습니다. 구미호는 p피보다는 간을 선호합니다. 만약 구미호가 간보다 p를 선호했다가는 그녀 역시 윤씨 아줌마의 미움을 샀을 것입니다.

확률분포표를 보면 우리는 쉽게 평균을 구할 수 있습니다. 뭐가 쉽냐고요? 아래, 위로 곱해서 더하기만 하면 평균인데 그것이 뭐가 힘이 들겠습니까? 단순한 손가락 운동인데요.

X	0	1	2	3	합계
P[X=x]	q^3	$3pq^2$	$3p^2q$	p^3	1

물론 문자에 대한 면역력이 떨어지는 초등학생에게는 아주 힘든 일이 될 수도 있습니다. 문자를 더하거나 곱하는 데도 나름의

기술이 필요하거든요. 그런 것은 윤씨 아줌마와 나 베르누이가 도와주겠습니다. 한번 계산을 해 보도록 합니다.

자, E(X) 등장해 주세요. E(X)는 평균이라는 뜻입니다.

$$E(X)=0\times q^3+1\times 3pq^2+2\times 3p^2q+3\times p^3$$

이 모습이 바로 아래위로 곱해서 더한 모습입니다. 이 정도는 할 수 있겠지요. 윤씨 아줌마의 바람대로 p를 중심으로 생각해 보면 맨 처음 곱한 것에는 p가 나오지 않았습니다. 그 다음 p가 나왔는데 p^1은 p로 1을 생략하여 나타냅니다. 그 다음으로는 p^2, p^3이 차례로 등장합니다. p와 q의 차수는 세제곱으로 만들어져야 합니다. 확인이 끝났으면 좀 정리된 모습으로 단정하게 등장시키겠습니다.

$$3pq^2+6p^2q+3p^3$$

숫자끼리 곱하고 수와 문자의 사이의 곱하기를 생략시킨 모습입니다. 이렇게 정리하고 나니 얼마나 단정해 보입니까? 그래서 수학은 정리 정돈이 생명이라는 말이 있습니다. 이때, 윤씨 아줌마가 몸에는 혈액이 생명이죠 하면서 톡 튀어 나옵니다.

이제 $3pq^2+6p^2q+3p^3$을 가지고 어려운 인수분해라는 것을 한번 해 보도록 하겠습니다. 인수분해에 대해서는 수학자 시리즈 인수분해 편에서 자세히 다루고 있습니다. 그래서 우리는 바로 실전으로 들어가 보겠습니다.

$$3pq^2+6p^2q+3p^3=3p(q^2+2pq+p^2)$$

여기서 공통인수 $3p$를 앞으로 빼냈습니다. 그 다음 괄호 안 $q^2+2pq+p^2$을 완전제곱식의 인수분해를 이용하면 $3p(q+p)^2$으로 나옵니다. 금방 나온 것이라 정말 따끈합니다. 따라서 $\mathrm{E(X)}=3p(q+p)^2$이 되었습니다.

여러분, 여기서 끝이 아닙니다. 이것을 완성시키기 위한 조미료 한 방울이 필요합니다. 이항분포의 평균과 표준편차에서 즐겨 쓰는 향신료, $p+q=1$입니다. p는 일어날 확률, q는 안 일어날 확률로 둘을 더하면 언제나 1이 됩니다. 그럼 $p+q=1$이라는 향신료를 첨가하여 이항분포의 평균을 마무리하겠습니다.

$$E(X)=3p(q+p)^2$$

⬇ $p+q=q+p=1$을 대입

$$E(X)=3p$$

그렇습니다. 이항분포 $B(3, p)$의 평균은 3과 p를 곱해서 $3p$가 되는 것입니다. 놀랍지 않습니까? 윤씨 아줌마라도 감동적인 표정을 지어 보세요.

이제 이항분포의 표준편차를 구하기 위해 분산을 구해 보도록 하겠습니다. 분산은 변량의 제곱의 평균에서 평균의 제곱을 뺀 것입니다. 이런 개념을 가지고 다음 식을 봐야 합니다.

$$\begin{aligned} V(X) &= 0^2 \times q^3 + 1^2 \times 3pq^2 + 2^2 \times 3p^2q + 3^2 \times p^3 - (3p)^2 \\ &= 3pq^2 + 12p^2q + 9p^3 - 9p^2 \\ &= 3p(q^2 + 4pq + 3p^2 - 3p) \quad \text{3p를 공통인수로 빼 낸 장면입니다} \\ &= 3p\{(q+p)(q+3p) - 3p\} \end{aligned}$$

괄호 안의 $q^2+4pq+3p^2$을 인수분해하면 $(q+p)(q+3p)$가 됩니다. 여기에 $p+q=1$이라는 양념을 첨가합니다. 그러면 식은 다시 $3pq$로 변합니다.

따라서 표준편차는 $\sigma(X)=\sqrt{3pq}$로 나타낼 수 있습니다. 사실 위 내용에서 너무 힘들까봐 살짝 지나간 것이 있습니다. 윤씨 아줌마가 지나갈 것은 그냥 지나가라고 합니다. 알았어요. 그냥 지

나가는 말로 이항계수라는 것이 있었다고 말만 하겠습니다. 아는 사람만 참조하세요.

$1={}_{3}C_{0},\ 3={}_{3}C_{1},\ 3={}_{3}C_{2},\ 1={}_{3}C_{3}$

일반적으로 확률변수 X가 이항분포 $B(n, p)$를 따를 때, 평균 $E(X)$, 분산 $V(X)$, 표준편차 $\sigma(X)$는 다음과 같습니다.

중요 포인트

확률변수 X가 이항분포 $B(n, p)$를 따를 때

평균 $E(X)=np$
분산 $V(X)=npq$
표준편차 $\sigma(X)=\sqrt{npq}$ (단, $q=1-p$)

독립시행의 확률이므로 확률변수 X는 $B(n, p)$를 따릅니다. 이제 문제를 만들어 풀어 보는 시간이 다가왔습니다. 윤씨 아줌마, 피하지 마세요. 피한다고 될 일이 아닙니다.

이항분포 문제는 이항분포를 따를 때만 가능합니다. 사람들도 그렇습니다. 자신을 잘 따라 주는 사람에게 애정이 갑니다. 믿고 따라주면 대부분의 일은 잘 풀려갑니다.

확률변수 X가 이항분포 $B\left(100, \frac{1}{5}\right)$을 따를 때 $n=100$, $p=\frac{1}{5}$, $q=\frac{4}{5}$가 됩니다. 이때, 평균, 분산, 표준편차를 구하는 것은 아주 쉽습니다. 이항분포를 믿고 따랐기 때문입니다. 하하하! 평균을 구해 봅니다.

$$E(X)=np=100\times\frac{1}{5}=20$$

분산도 구해 봅니다. 아주 쉬워요. 단 q를 사용해서 곱해 주세요. 큐!

$$V(X)=npq=100\times\frac{1}{5}\times\frac{4}{5}=16$$

표준편차도 어렵지 않습니다. 분산에 담요 덮듯이 덮어 씌워 주세요.

$$\sigma(X)=\sqrt{16}=4$$

그렇습니다. 우리는 어떤 문제를 파악하기도 전에 겁을 먹습니다. 이항분포로 평균과 분산, 표준편차를 구하는 것은 보기보다 쉽습니다. 누워서 떡 먹기보다 쉬운 누워서 자기입니다.

한번 더 풀어 봅니다. 쉬운 문제를 많이 풀어 보면 자신감이 생깁니다.

한 개의 동전을 400회 던져서 앞면이 나오는 횟수를 X라 할 때, X의 평균, 분산, 표준편차를 각각 구해 봅니다. 우와! 동전 한 개를 400번씩이나 던지면 팔목이 남아나지 않을 것 같습니다.

이 식은 $P(X=k)={}_{400}C_k\left(\frac{1}{2}\right)^k\left(\frac{1}{2}\right)^{400-k}$ 으로 나타낼 수 있습니다. 하지만 이렇게 어렵게 식을 나타내지 않아도 문제는 풀 수 있습니다.

확률이 독립시행이므로 주어진 확률변수는 이항분포를 따릅니다. 동전을 한 번 던져서 앞면이 나온 것이 두 번째 던질 때 아무런 영향을 미치지 않기 때문에 독립시행이라고 하는 것입니다.

그래서 위 문제는 확률변수 X에 대한 확률이 독립시행으로 주어지므로 X는 이항분포 $B\left(400, \frac{1}{2}\right)$을 따릅니다.

이때, X의 평균을 $E(X)$, 분산을 $V(X)$, 표준편차를 $\sigma(X)$라 하면, 각각의 값들은 다음과 같이 구해집니다.

$$\mathrm{E(X)}=400\times\frac{1}{2}=200,\ \mathrm{V(X)}=400\times\frac{1}{2}\times\frac{1}{2}=100,$$

$$\sigma(\mathrm{X})=\sqrt{\mathrm{V(X)}}=10$$

여러분, 이항분포에 관한 문제만 100개 정도 풀고 싶지요? 하지만 이런 간단한 풀이에도 누군가의 고통이 따랐습니다. 보세요, 그 고통의 현장을.

확률변수 X가 이항분포 $\mathrm{B}(n,\ p)$를 따를 때, X의 평균과 분산이 나오게 되는 장면을 조합의 공식으로부터 이끌어 내겠습니다. 노약자, 임산부, 심장이 약하신 분은 이 부분을 건너뛰기 바랍니다.

$\mathrm{P(X}=k)={}_n\mathrm{C}_k p^k q^{n-k}\ (q=1-p)$이므로 평균 즉, 기댓값은 $\mathrm{E(X)}=\sum_{k=0}^{n} k\mathrm{P(X}=k)=\sum_{k=1}^{n} k{}_n\mathrm{C}_k p^k q^{n-k}$ 입니다. 갑자기 $\sum$시그마 아래에서 $k=0$이 $k=1$로 바뀌었지요? 그 이유는 0은 곱해 봤자 0이기 때문에 1부터 시작하는 것입니다. 여기서, 조합의 공식이 들어갑니다.

$$k{}_n\mathrm{C}_k=k\frac{n!}{k!(n-k)!}$$

$$=n\frac{(n-1)!}{(k-1)!\{(n-1)-(k-1)\}!}$$

$$=n_{n-1}C_{k-1}$$

그러므로 앞에 시그마가 있는 공식이 다음과 같이 변형됩니다.

$$E(X)=\sum_{k=1}^{n} n_{n-1}C_{k-1}p^{k}q^{n-k}$$

$$=np\sum_{k=1}^{n} {}_{n-1}C_{k-1}p^{k-1}q^{(n-1)-(k-1)}=np(p+q)^{n-1}=np$$

오~ 내가 여기까지 설명했을 때 윤씨 아줌마가 기절했습니다. 그래서 분산에 대한 것은 설명하지 않겠습니다. 다음 교시에서 만나요. 난 지금 윤씨 아줌마 모시고 병원에 갑니다.

일곱번째
수업 정리

1 확률변수 X가 이항분포 $\mathrm{B}(n, p)$를 따를 때,

평균 $\mathrm{E}(\mathrm{X})=np$

분산 $\mathrm{V}(\mathrm{X})=npq$

표준편차 $\sigma(\mathrm{X})=\sqrt{npq}$ (단, $q=1-p$)

독립시행의 확률이므로 확률변수 X는 $\mathrm{B}(n, p)$를 따릅니다.

2 $$\mathrm{E}(\mathrm{X})=\sum_{k=1}^{n} n\,{}_{n-1}\mathrm{C}_{k-1}p^{k}q^{n-k}=np\sum_{k=1}^{n}{}_{n-1}\mathrm{C}_{k-1}p^{k-1}q^{(n-1)-(k-1)}$$
$$=np(p+q)^{n-1}=np$$

이항분포의 그래프와 성질

그래프의 모양을 살펴보며 이항분포를 이해합니다.

여덟 번째 학습 목표

이항분포가 그리는 그래프의 모습을 살펴봅니다.

미리 알면 좋아요

1. 수학적 확률 여러 단순 사건이 일어날 것이 모두 확실시되는 경우에 어떤 사건이 일어나는 경우의 수를 모든 경우의 수로 나눈 값

2. 통계적 확률 시행 횟수를 충분히 했을 때에, 어떤 사항이 일어나는 상대 도수가 집적하는 경향을 보이는 일정한 값

3. 큰수의 법칙 어떤 일을 몇 번이고 되풀이할 경우, 일정한 사건이 일어날 비율은 횟수를 거듭하면 할수록 일정한 값에 가까워진다는 경험 법칙, 또는 그 이론. 주사위를 몇 번이고 계속 굴릴 경우 6이 나오는 비율은 $\frac{1}{6}$에 가까워진다고 하는 것을 말합니다.

오늘은 윤씨 아줌마가 퇴원하는 날입니다. 앞에서 이항분포의 평균과 분산에 대한 증명을 보여 주다가 그만 윤씨 아줌마는 복잡한 식에 대한 스트레스로 콤마상태에 들어간 것입니다. 우와, 이 표현 멋있지요. 콤마! 의학 드라마를 보면 콤마상태는 두뇌의 손상을 말한다고 합니다.

그만큼 앞 시간의 내용은 우리 모두에게 부담이었습니다. 그런 힘든 교시를 넘기고 이제는 마지막 교시에 들어왔습니다. 이번 수업은 이항분포의 그래프와 성질에 대해 공부할 것입니다.

심신이 지쳐 있는 윤씨 아줌마도 있고 해서 이항분포에 대한 간략한 설명을 다시 하겠습니다. 아무 생각하지 말고 그냥 보기만 하세요.

확률변수 X가 이항분포 $B(n, p)$를 따를 때,
평균 $E(X)=np$
분산 $V(X)=npq$
표준편차 $\sigma(X)=\sqrt{npq}$ (단, $q=1-p$)

여기서 n이 무진장 커진다면 어떤 현상이 일어날 것인지를 공부할 것입니다. 일명 큰수의 법칙입니다. 그때 윤씨 아줌마가 눈을 반짝이며 큰수라면 예를 들어 3과 $\mathbf{3}$을 말하냐고 나에게 물어옵니다. 아, 아직도 윤씨 아줌마의 회복이 완전한 것이 아닌가 봅니다.

여기서 말하는 큰수란 10, 20, 30, …, 600, … 처럼 수의 크기가 커지는 것을 말합니다. 그냥 단지 숫자의 활자 크기가 커지는 것을 말하는 것이 아닙니다. 하하. 윤씨 아줌마 자신이 그렇게 말하고도 좀 우스운지 머쓱해합니다.

이항분포 $B(n, p)$에서 n의 값이 커질 때, 이항분포의 그래프의 모양이 어떻게 변화하는지 알아보겠습니다.

예를 들어, $p=\frac{1}{6}$에 대하여 $n=10$, 20, 30, 40, 50일 때의 확률분포표와 그래프는 다음과 같습니다.

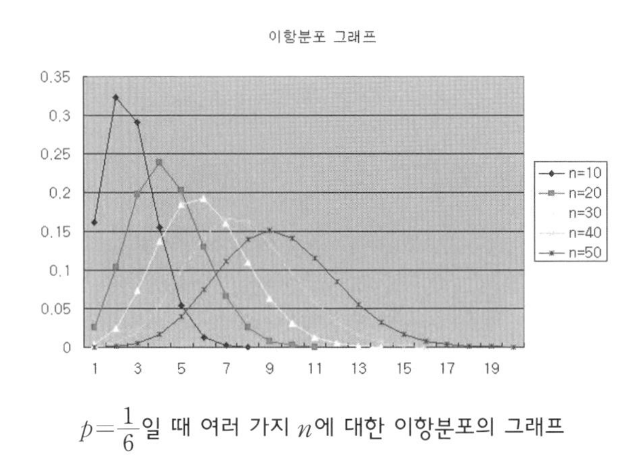

$p=\frac{1}{6}$일 때 여러 가지 n에 대한 이항분포의 그래프

위 그림에서 보면 알 수 있듯이 이항분포의 그래프는 p를 일정하게 하고 n을 크게 하면 점차로 좌우 대칭인 모양에 가까워지게 됩니다.

큰수의 법칙에 대해 이야기를 해 보겠습니다. 주사위를 던질 때 1의 눈이 나올 확률이 $\frac{1}{6}$이라는 것은 실제로 6번 던지면 1의 눈이 꼭 1번 나온다는 뜻이 아닙니다. 그래서 우리는 수학적 확률과 통계적 확률을 좀 구분해 보아야 할 것 같습니다.

수학적 확률은 고전적 확률, 이론적 확률, 사전적 확률, 선험적 확률 등의 다른 용어로도 쓰입니다. 이것은 모든 경우가 나타날 확률이 같다는 조건을 전제로 하여 실제 실험이나 관측을 통하지 않고 이론적으로 기대할 수 있는 확률을 말합니다. 주사위를 굴릴 때 1이 나오는 확률 같은 것이 수학적 확률이지요.

통계적 확률은 경험적 확률, 사후적 확률 등의 다른 용어로도 사용됩니다. 이것은 어떤 실험이나 관측을 매우 여러 번무한 번 시행하였을 때, 전체 시행 횟수에 대한 어떤 특정 사건이 일어나는 횟수의 비로 이 값은 수학적 확률에 가까워집니다.

통계적 확률은 각각의 사건이 동등하게 일어난다고 보지 않고 단지 시행 횟수를 매우 크게 하면 비가 일정한 값에 가까워진다고 봅니다. 예를 들어 주사위를 많이 던지면 던질수록 1이 나올 확률이 $\frac{1}{6}$에 가까워지는 것으로 생각하는 것입니다. 100번, 1000번, … 이런 식으로 시행 횟수를 증가시키면 실제 1이 나올 확률이 $\frac{1}{6}$에 가까워집니다. 수학적으로 '큰수의 법칙'에 의하여 n을 아주 크게 하면 하나의 값으로 수렴한다는 것을 증명할 수 있습니다.

1의 눈이 나오는 상대도수 $\frac{X}{n}$와 수학적 확률 $\frac{1}{6}$과의 차가 0.1보다 작을 확률은 시행 횟수 n이 커질수록 1에 가까워짐을 짐작할 수 있습니다. 즉, 상대도수와 수학적 확률과의 차가 0.1보다 작게 되는 일은 시행 횟수 n을 크게 함에 따라 그 확실성이 커집니다. 이 사실은 0.1을 0.01, 0.001, 0.0001, …로 바꾸어도 마찬가지로 성립합니다.

이렇게 n을 크게 만들어 성립하는 법칙을 큰수의 법칙이라고 합니다. 큰수의 법칙에 의하면 시행 횟수 n을 충분히 크게 했을 때, 상대도수 $\frac{X}{n}$의 값은 수학적 확률 p와 같아짐을 알 수 있습니다. 상대도수라는 말이 나오니 잠시 윤씨 아줌마가 주춤하네요.

상대도수란 각 계급의 도수가 전체 도수에서 차지하는 비율을 알기 위하여 각 계급의 도수를 전체 도수로 나눈 값을 말합니다. 상대도수의 총합은 항상 1입니다. 상대도수는 $\frac{\text{(그 계급의 도수)}}{\text{(전체 도수)}}$ 로 나타냅니다.

수학적 확률을 모를 때는 통계적 확률을 대신하여 사용할 수 있습니다. 통계적 확률이란 실제로 던져서 해 보는 것을 말합니다. 큰수의 법칙에 의하여 시행횟수가 충분히 클 때 통계적 확률은 수학적 확률에 가까워지므로 수학적 확률을 모를 때에는 시행 횟수를 충분히 크게 하여 사건 A의 상대도수를 사건 A가 일어날 확률 p의 근삿값으로 사용할 수 있습니다.

그러므로 자연 현상이나 사회 현상에서 수학적 확률을 구하기 곤란한 경우 통계적 확률을 이용하기도 합니다. 앞에서 나온 그림에서도 그렇듯이 이항분포의 그래프는 p를 일정하게 하고 n을 크게 하면 선대칭인 산 모양의 곡선이 되어 갑니다. 이때, 윤씨 아줌마가 그런 경우는 자신의 눈썹으로 표현이 가능하다고 합니다. 그런데 윤씨 아줌마가 일단 자신을 화나게 만들어 달라고 합니다.

그래서 나는 잠시도 주저하지 않고 "이 뚱땡아!"라고 했습니다. 그랬더니 윤씨 아줌마의 눈썹이 이항분포의 그래프에서 n값이 작을 때의 그래프 모습입니다. 눈썹이 구부러져 치켜 올라갔습니다. 윤씨 아줌마가 인상을 쓰니 무섭습니다.

내가 벌벌 떨고 있으니 윤씨 아줌마는 n값이 서서히 커지도록 화를 조절하시네요. 내가 아줌마 피부가 처녀만큼 곱다고 하니 치켜 올라간 눈썹이 서서히 내려와 마치 선대칭인 산 모양으로 변해가며 원래의 선한 모습으로 돌아옵니다. 맞습니다. 윤씨 아줌마의 눈썹의 변화를 통해 우리는 큰수의 법칙에 따른 이항분포 그래프의 변화를 잘 느끼게 되었습니다.

수업 마지막 부분에서 윤씨 아줌마의 활약이 대단합니다. 아마도 윤씨 아줌마의 눈썹을 생각하면 이항분포 그래프의 큰수의 법칙은 기억에서 영원히 지워지지 않을 것입니다.

나와 윤씨 아줌마는 서로 번갈아 가며 주사위를 던지고 있습니다. 계속해서 던집니다. 상대도수가 $\frac{1}{6}$에 가까워질 때까지 말이죠. 백문이 불여일견이라는 말이 있듯이 말입니다.

여덟번째 수업 정리

확률변수 X가 이항분포 $\mathrm{B}(n, p)$를 따를 때,

- 평균 $\mathrm{E}(\mathrm{X})=np$
- 분산 $\mathrm{V}(\mathrm{X})=npq$
- 표준편차 $\sigma(\mathrm{X})=\sqrt{npq}$ (단, $q=1-p$)